城市零售商业空间结构演变研究

谭怡恬 著

中国建筑工业出版社

图书在版编目（CIP）数据

城市零售商业空间结构演变研究/谭怡恬著.—北京：
中国建筑工业出版社，2019.4
ISBN 978-7-112-23203-1

Ⅰ.①城… Ⅱ.①谭… Ⅲ.①零售业-商业建筑-室
内设计-空间设计-研究 Ⅳ.①TU247

中国版本图书馆 CIP 数据核字（2019）第 010888 号

本书以大型零售商业为研究对象，以翔实的数据为支撑，采用定性与定量相结合的研究方法，研究各业态商业网点的规模和区位分布的合理性及演变规律，各业态商业网点的规模和区位分布与人口（住宅）分布的相互关系，以及推动大型零售商业空间结构演变的主要因素与作用机理。期望为城市商业空间结构科学发展提供理论依据，对城市商业空间结构优化有所裨益。

本书可供建筑设计人员、城市设计人员以及有关专业师生参考。

责任编辑：许顺法 陈 桦
责任校对：张 颖

城市零售商业空间结构演变研究

谭怡恬 著

*

中国建筑工业出版社出版、发行（北京海淀三里河路 9 号）
各地新华书店、建筑书店经销
北京佳捷真科技发展有限公司制版
北京建筑工业印刷厂印刷

*

开本：787×1092 毫米 1/16 印张：10¾ 字数：264 千字
2019 年 4 月第一版 2019 年 4 月第一次印刷
定价：**58.00** 元
ISBN 978-7-112-23203-1
（33280）

前　言

　　城市是人们工作、生活、消费的聚集地，是人类经济活动的核心区域，是全球经济一体化的枢纽。随着城市化进程加快，城市病的危害日趋严重，如交通拥堵、环境恶化、资源浪费严重、运转效率下降等，合理布局城市空间有利于降低城市病的危害。商业空间是城市空间中最核心的功能要素，与城市居民的生活消费密切相关，本书着重研究城市大型零售商业空间结构演变规律。

　　本书以大型零售商业为研究对象，以翔实的数据为支撑，采用定性与定量相结合的研究方法，研究各业态商业网点的规模和区位分布的合理性及演变规律，各业态商业网点的规模和区位分布与人口（住宅）分布的相互关系，以及推动大型零售商业空间结构演变的主要因素与作用机理。期望为城市商业空间结构科学发展提供理论依据，对城市商业空间结构优化有所裨益。

　　本书在我的博士论文基础上修改而成，不仅凝聚了硕士、博士期间的研究心血，更得到了导师、家人以及朋友的支持与帮助。首先，衷心感谢我的硕士和博士导师叶强教授，先生不仅教会了我做研究的方法，也提升了我设计的技能，更对我处理问题的思维方式产生了深远影响，这将使我受益终生。我也要感谢我博士研读期间的另一导师柳肃教授，先生教授的专业知识使我的专业认知踏上了新台阶。我还要特别感谢我的父母及我的先生史若燃博士，以及帮助我的朋友们，他们的理解、支持、鼓励与帮助给了我学习与生活的动力。最后，感谢中国建筑工业出版社的编辑和其他同志，是他们的支持与辛勤工作，使本书的修改和出版得以顺利完成。

谭怡恬

2018 年 4 月

目　　录

第1章 绪 论

城市是人们工作、生活、消费的聚集地，是人类经济活动的核心区域，是全球经济一体化的枢纽。随着城市化进程加快，城市病的危害日趋严重，合理布局城市空间有利于降低城市病的危害，缓解交通拥堵、改善环境、节约资源、提高城市运转效率。

1.1 研究背景与意义

在快速城市化、城市功能转型及全球经济一体化的大背景下，零售业进入新的发展阶段。城市交通设施的改善，城市居民消费理念的变化，进一步推动了商业空间的发展和演变。下面将从以上几个方面，论述城市零售商业空间结构演变研究的背景与意义。

1.1.1 快速城市化与城市功能转型

改革开放以来，经济建设的发展带动城市发展，特别是最近 20 余年，我国一直处于城市化快速发展期（图 1-1）。在全球经济大调整和国内经济格局变动的大背景下，我国城市管理也逐步转移到智慧城市建设阶段。

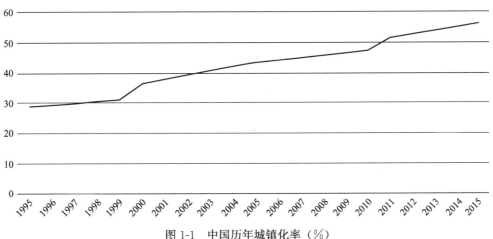

图 1-1 中国历年城镇化率（％）

资料来源：国家统计局

城市经济从制造业主导向服务业主导的转型几乎是所有城市都要经历的阶段，这种发展转型必然带来对经济结构、空间布局、社会文化和城市经营理念等全方位、深层次和系统性的变革。在产业转型的同时，城市空间布局的同步优化、考虑经济发展的区位布局优化以及政府的战略规划成为推动城市转型的关键。国务院于 2010 年 12 月颁布了《全国主体功能区规划》，对我国的国土空间开发、区域功能定位和未来城乡发展、产业布局、生态保护做出了战略性规划，明确了未来中国城市化的战略格局，即构建以"两横三纵"为主体的城市化战略格局。国家"十三五规划"中指出："有度有序利用自然，调整优化空间结构，推动形成以'两横三纵'为主体的城市化战略格局。"《国家新型城镇化规划（2014～2020年）》指出，城镇化是现代化的必由之路，是保持经济持续健康发展的强大引擎，是加快产业结构转型升级的重要抓手，是解决农业农村农民问题的重要途径，是推动区域协调发展的有力支撑，是促进社会全面进步的必然要求。

在未来中国的城市化发展战略中，商业充当着非常重要的角色，并逐渐成为城市功能要素中最为活跃的环节之一。随着城市产业结构的调整与升级，城市集聚效应日趋显著。由于城市规模不断扩张、城市人口迅速增加，第三产业（包括批发和零售、金融、保险、房地产和服务业）对城市化的拉动作用越来越大，城市的主导作用正在由生产制造逐步改变为消费服务。商贸中心是大多数城市化区域的重要功能定位，从当前中国区域的发展来看，随着区域经济实力的快速增长，区域核心城市往往具有发达的商业，成为区域的经济增长引擎。

自2000年来，我国的城市化率呈稳步上升态势，由2000年的36.22%增至2015年的56.1%，平均每年增幅1.24%，特别是2010年至2011年的城市化率增幅高达3.77%，城市规模扩张迅速（表1-1），这意味着每年有上千万的农民进入城镇工作与生活，使城镇人口比重不断升高，并且城镇人口增速比农村人口减速更快。据国家统计局的统计数据，自1996年至2015年的20年间，城镇人口数量由37304万人增至77116万人，增长了39812万人，年均增长率为3.9%，而农村人口由85058万人减至60346万人，减少了24739万人，年均减少1.8%，可见城市化带动了大量农村人口进入城市，并扎根于城市。

2000年以来中国城市数量变化　　　　　　　　　　　　　　　　　表1-1

城市规模分组	2000年	2005年	2010年	2015年	年均增长率(%)
大于400万人口	8	13	14	15	0.44
200万～400万人口	12	25	30	38	1.63
100万～200万人口	70	75	81	94	1.50
50万～100万人口	103	108	109	92	−0.69
20万～50万人口	66	61	49	49	−1.06
小于20万人口	3	4	4	7	0.25

资料来源：历年中国统计年鉴

伴随着城市化的发展和城镇人口的迅速增长，居住空间也在不断扩张。1998年国家出台了《国务院关于进一步深化城镇住房制度改革加快住房建设的通知》，标志着住房开始进入商品化时代。自1999年至2015年，商品住宅竣工面积年均增长9.69%，其中2004年增幅最大，增长率高达26%。城镇人口的快速集聚与城市居住空间的快速扩张势必加快城市商业配套设施的建设。正是在城市化进程不断加速和城市功能转型的背景下，为城市零售商业提供了良好的发展契机。

1.1.2 经济全球化

经济全球化是一个现代现象，是在生产力发展的驱动下，以深化国际分工为基础，经济活动在全球范围内扩展，生产要素和商品自由流动于全球，在全球范围内进行资源配置，各国经济相互依赖、融合的过程。经济全球化包括市场、金融、技术和民族国家以前所未有的方式进行跨境整合，它使民族国家、跨国公司以及个人将各自的活动范围（销售和旅行）更快、更便捷、更深入并且以更低成本拓展到全球。习近平主席提出的"一带一路"重大合作倡议，更进一步促进了全球经济发展，推动了各国间的企业合作。

随着信息革命的迅速发展和全球市场体系的形成，商品、技术、信息、服务、货币、人员等生产要素在跨国跨地区间的流动越来越多，世界各国的经济逐渐形成互相依存的整体。

近年来，欧美债务危机集中酝酿爆发，在世界经济不确定性提高、风险加大的背景下，我国经济面临前所未有的复杂、困难局面。但是政府加大经济发展方式转型和调整经济结构的力度，第三产业增加值占国内生产总值比重由 2011 年的 44.3% 增至 2015 年的 50.5%。

随着全球市场经济的发展，协调和管理各国之间经济关系是经常性的，这就需要各国通过协商，制定共同遵守的规章制度。这样就在全球市场机制之外，又有一个全球管理机制，消除各国间商品和生产要素流动的障碍，使全球经济在共同的契约框架内运行，获得相对稳定和持续的发展，这就是全球经济一体化的概念。

全球经济一体化极大地促进了国外商业大亨在中国的空间扩张，同时也催生了国内商业企业的巨变。从 2004 年 12 月 11 日开始，我国全面对外放开了零售业，2005 年标志着中国"零售元年"的开启，中国市场一时间吸引了众多外资零售业巨头进驻，有多达 1027 家的外资商业零售企业在当年被批准设立。国外许多大型零售企业利用成熟的管理经验、雄厚的资金、世界级的品牌以及我国各级政府所给予的优惠政策，迅速在他们选中的城市中占据有利的市场和城市空间。国内企业也不断进行行业整合、扩大规模、提高效益，以应对竞争。据中国连锁经营协会统计，2014 年连锁百强中内外企业中，内资企业有 81 家，外资企业有 19 家，以大型综合超市为主。2014 年连锁百强的 21 家超市类企业中外资企业多达 12 家，其销售额占销售总额的 76.87%。在开放零售业的前几年，中外零售巨头经历了跑马圈地式的快速扩张，北京、上海、深圳、广州等一线城市的市区零售市场商业网点布局基本完成，业态已经非常丰富，市场基本处于饱和状态。此时一、二线城市的零售网点的发展速度开始减缓，转而将新建零售网点的重心投向三、四线城市，市场竞争异常激烈。外资巨头如沃尔玛、家乐福等均开始布局三、四线城市；内资上市零售公司如步步高、成都集团、广百股份等国内大型零售企业也开始在三、四线城市布局。激烈竞争的市场开始由一、二线和东南沿海城市向三、四线和中西部区域转移。

与此同时，电子商务行业逐渐兴起，成为经济发展新的原动力。电商的迅速发展在创造了新消费需求和催生了新投资热潮的同时，正与制造业加速融合，进一步推动了服务业的转型升级，产生了新兴业态，这对传统商业的发展提出了新的挑战，也必然影响城市零售商业空间结构。

1.1.3 城市道路提质改造与公共交通的发展

城市的经济活动与交通网络密不可分。对于企业或经营者来说，店铺的设置首要选择条件就是区位，这一点大大影响商品的物流效率和吸引客流的数量；而对于消费者来说，一个店铺或购物场所的可达性是否良好，是消费者选择购物场所最重要的影响因素。这意味着城市交通网络影响着商业设施的设置及区位影响效应，进而对城市的商业空间结构产生影响。

随着城市居民生活条件的改善，我国城市中机动车保有量逐年增加，而机动车报废量却远低于机动车增加量，使得城区的老旧道路逐渐趋于饱和，无法满足高负荷的交通需求，交通拥堵几乎是城市中普遍存在的问题，这大大影响了城市居民的出行效率和生活质量，降低了城市幸福感。针对交通拥堵的问题，政府采取了诸多措施加以改善，如对城市道路进行提质改造，拓宽老城区道路，同时大力发展公共交通，鼓励市民公交出行、绿色出行等。

近年来，我国许多城市纷纷对老城区的道路进行整改。原来的小街道只有双向两车道的通行能力，街道与街道之间也不能很好地连接，加上街道旁还违章停靠了一些车辆，使得本来就拥挤的街道变得更加拥堵。而城市中主要的商业中心通常是在传统商业中心的区位上逐渐发展起来的，传统的商业中心一般位于老城区范围内，周边的街道通畅与否直接影响到商业中心的客流量。整改后，打通了断头路，断断续续的背街小巷被拉通成了一条完整街道，路幅也宽阔了很多；道路路面重新铺设，道路通行能力得到了很大的提升。便捷的交通无疑能大大缩短城市居民出行购物的时间，也提高物流通行能力，刺激城市商业的良性发展。

在对道路提质改造的同时，城市公共交通系统也在不断完善。国家交通运输部于2016年印发了《城市公共交通"十三五"发展纲要》，提出了我国公交系统发展的五大任务：一是全面推进公交都市建设；二是深化城市公交行业体制机制改革；三是全面提升城市公交服务品质；四是建设与移动互联网深度融合的智能公交系统；五是缓解城市交通拥堵。自1997年至今，我国进行了6次大规模的列车提速，第6次的列车提速中，加快了城际轨道的建设，城市间的商业流通条件大大提高，去临近的城市消费购物已经不再是难事。在我国的很多城市中地铁与轻轨的建设正在如火如荼地进行，随着地铁与轻轨的开通，城市居民的购物出行便捷度进一步提高，也带动了轨道沿线的商业发展，推动城市商业空间格局的演化。

1.1.4 消费理念与消费方式的转变

消费者的消费理念与消费方式在不同的社会发展阶段，呈现出不同的特点，在一定程度上受到"时代"的影响，而商业空间也是针对社会的阶段性需求而建造。随着经济发展、社会文明的提升，消费需求也在不断"升级"，这促使商业空间不断改变与演化。

在计划经济时期，所有的生活品都需要按计划购买，比如柴米油盐需要用票证购买，不能超出票证上的面额，加上当时社会经济落后，所以老百姓没有渠道也没有经济能力购买额外的商品，并不奢求额外的消费。进入市场经济后，老百姓的生活慢慢富足，在购买商品的同时开始追求附加的服务，如购前咨询、售后服务等，并且更加关注购买后能产生的后续价值而非局限于产品本身。为了迎合不断转变的消费理念，商家不断进行商品调整与业态更新，转变经营策略。供给和需求的变化必然给城市零售商业带来一系列的变化，集多目的、休闲娱乐为一体的商业场所除了给消费者提供购物、生活、游憩的空间外，更成为一座城市的形象表现、居民精神和文化的交流场所。

在全球互联网快速发展的背景下，电子商务已经成为迅速崛起的新型业态，消费者的消费方式也因此发生了变化，特别是年轻的消费群体，网购、海淘已经在他们的消费结构中占据了很大的比例，这对传统实体店造成了一定冲击，也对城市零售商业空间结构的演变产生一定影响。

1.1.5　城市商业空间结构演变研究的必要性

零售业是城市规划和城市地理学研究中的重要领域，与城市居民的生活密切相关。国外在这个领域已经有相当充实而广泛的理论沉淀，我国的学者自 1990 年开始，对城市 CBD 及商业空间、区位、规模、等级、结构、动力机制等都有一定的研究，但这些研究多以单个要素独立研究，且更加关注产业空间与居住空间[1]，较少将城市零售商业空间演变过程的影响机制及内在关系综合起来。

从我国 2000 年进入新的一轮业态发展开始，国外的大型零售企业纷纷进驻我国的零售市场，使我国零售市场呈现出了崭新的状态，在带动我国经济发展的同时，也给城市社会、管理、规划、经济等方面带来了许多值得研究的新问题。为了适应零售市场的发展步伐，全国多数城市制定了城市商业网点布局规划，但由于多种因素的影响，城市商业空间并没有完全按照既定目标发展，城市和商业空间规划、发展及管理与城市飞速发展的经济和商业业态不相适应，相关理论研究也很欠缺。加上近年来，一些曾经盛极一时的大型零售企业开始进入经营瓶颈，有些国际零售业巨头也遭遇滑铁卢，城市中心区大型零售场所的兴衰对城市空间及市场空间结构产生的效应都值得深思。

我国的零售业经历了创新、成长、衰退以及再更新的过程，零售业态类型也从以往单一经营或多业态组合逐渐转变为多业态综合经营或与其他产业结合形成新的业态，如商业综合体、lifestyle、lifecentre 等，加上电子商务的崛起，零售业进入新的发展阶段，因此迫切需要对消费文化和方向、行业结构合理性和未来发展趋势、以及零售商业空间演变的影响机制进行深入细致的研究，为新的发展提供合理的决策依据。

在第十二届全国人大五次会议记者会上，国家商务部部长钟山提到，我国的消费虽然已经成为国民经济增长的第一拉动力，但仍然存在着各种问题，如商业布局不够合理、基础设施建设滞后等。因此，掌握城市零售商业空间演变的规律、评价商业规模的合理性、探索商业空间结构演变的动力机制和趋势已经成为亟待研究解决的重要问题。本书将研究各业态（全部业态）商业网点的规模和区位分布的合理性及演变规律，各业态（全部业态）商业网点的规模和区位分布与人口（住宅）分布的相互关系，以及推动商业空间结构演变的主要因素与作用机理，对城市商业空间结构科学发展提供理论依据。

1.2　国内外研究综述

1.2.1　国外研究综述

由于国内外城市发展的历程与实际不同，所以相应的零售业演变历史也有差异。城市化的进程是影响零售业发展过程中的最重要因素之一，西方城市的城市化进程经历了城市化前期、快速城市化、郊区化、逆城市化和再城市化几个阶段，每个阶段都有不同的特征，致使零售业对应的发展过程也不同。在国外，市场经济是调节商业竞争的手段，并且有较健全的立法，使零售商业渐进发展。国外城市商业空间结构研究比较成熟，早期的研究就开始运用数量统计等方法，在中心地理论的基础上与经济学、心理学、行为学、社会学等多学科相结合，经历了一系列发展，完善了商业空间结构的研究。

（1）城市、交通与商业、人口及住宅的研究

维兰（Villain J，2011）探索了蒙特利尔的城市形态对城市商业活动空间分布的影响，在全球层面的基础上建立了更精细的规模，揭示了商业活动空间分布格局存在的规律，更好地了解商业街在城市所强调的内置环境和空间结构的意义下如何运作，并解释了当地的商业街运作的根本动力。塞维罗（Cervero. R，2002）等[2] 以加州的圣克拉拉县为例的研究表明，轻轨交通站点会给周边的商业零售和办公写字楼带来持续的利益。而卡斯蒂洛（Castillo-Manzano. J. I，2009）等[3] 基于西班牙城市案例的研究则表明地铁可以促进零售业的复兴，但其建设过程也会导致其收益骤降而衰败。波尔塔（S. Porta，2012）等[4] 开发了交通网络中心性分析工具，并在此平台上研究了各种经济活动与中心性指标的相关性，发现交通网络的中心性对零售业的影响是较大的。Itzhak Omer 等[5]（2015）运用空间句法，以以色列的 8 个城市为例，探讨了新城市与传统城市中零售活动的空间格局与道路网络结构的关系，他们认为与传统的老城相比，新城市中的路网结构与商业活动相关性较弱，原因在于新城有较好的规划和城市发展方案。

国外已有的轨道交通模式和建设显示出其与城市紧密结合的结构形式，对城市居民的居住、出行、消费和工作等均产生重大影响。本托等[6]（Bento. A，2006）依据对美国114 个城市化地区提供的公共交通数据进行研究，指出轨道交通对城市形态、道路密度等都有重要影响。李等[7]（Lee. S，2013）基于首尔地铁站点的客流量大小和城市空间结构关系，认为应依据城市空间结构的类别进行轨道交通站点的分类规划。拉特纳等[8]（Ratner K. A，2013）对丹佛进行个案研究，发现轨道交通系统是城市化地区土地利用及交通规划的关键影响因素。卡尔沃等[9]（Calvo. F，2013）分析了马德里地铁对土地利用及人口的影响，认为将轨道交通系统和土地利用规划有机结合可以促进郊区或卫星城站点周边人口的增长。杜等[10]（Du. H，2007）基于英国桑德兰案例研究指出地铁开通会带来周边房价尤其是住房价格的相应增长。邓肯[11]（Duncan. M，2010）则通过研究圣地亚哥TOD 发展模式与房价的关系，发现站点附近公寓的出行方式是步行和轨道交通结合时房价较高，而机动车和轨道交通结合时会折价销售。Garcia-López，M. -À.[12]（2012）对巴塞罗那的研究表明都市区交通基础设施的改善会促进郊区人口的增长。

（2）城市商业地理学研究

城市商业地理学将城市空间划分为两类，第一类是针对商业空间的结构进行划分，以此区别其商业性质、市场功能、空间构架等；另一类则以空间选择作为理论研究基础，以市场和区位作为区分因素。根据各种学术成果的出现时间、研究形式等，可以将其分为三大流派：第一，20 世纪 50 年代之前，中心地理论所形成的新古典研究学派，主要代表人物为克里斯泰勒（W. Christaller）；第二，20 世纪 50、60 年代的空间分析学派，该学派的理论建立在数量革命基础上，代表人物为贝里（Brian J. L. Berry）；第三，20 世纪 60、70 年代的行为学派，该派以消费行为、经济结构为研究基础，代表人物为赖斯顿（Rushton）。另外，零售地理学关于零售业态与结构模式、零售业态空间区位、消费行为与心理

等方面的重要研究成果与理论有：零售转轮理论、零售手风琴理论和中心地理论，赖利[13]（W. J. Reilly）的零售引力法则和康弗斯（P. D. Converse）的断裂点模型以及哈夫修正模型（Huff's Model）。还有戴维斯[14]（R. J. Davies）（1976）的《零售营销地理学》（Marketing Geography—with special reference to retailing）专著，零售地理学研究者琼斯（K. Jones）和西蒙斯（J. Simmons）的经典论著《商业区位论》（Location, Location, Location—analyzing the retail environment）等。这些研究为商业地理学的发展奠定了基础，推动了城市空间和零售业研究与理论的进一步发展。

（3）零售商业空间区位选择及其影响因素研究

英国学者波特[15]（Potter，1981）尝试用多变量功能方程（multivariate functional ordination）客观分析商业区功能关联的性质，他认为基于多元功能数据上的零售领域类型学是有其适当性的，利用多元协调框架的统计和图形方法，表明零售区域的功能属性与零售区位、交通便捷性、社会经济是密切相关的。洛奇（B. J. Lorch，2006）等[16]研究了加拿大购物中心空间的转型，探讨了封闭式商场的所有者和管理者在应对大型零售业广泛发展和日益普及这一现象的策略。孙贵珍等[17]（2008）选取自 20 世纪 20 年代以来，国内外商业空间研究成果中的典型代表，通过对比空间横断面和梳理时间纵断面，总结了国内外对于商业空间选址布局以及商业空间结构的研究成果。

经济地理学认为，零售区位的选择与消费者、集聚经济、交通成本和特定模式下的零售规模经济有关。沃斯曼[18]（Robert W. Wassmer，2002）认为在大都市地区，这些因素影响零售设施布局，较大规模和等级的零售设施选择城市中心，而较小规模和等级的零售设施则布局于顾客居住区和不同利益市场的分界点。本尼森（D. Bennison）和赫南德兹（T. Hernández）[19]为选择零售商店的位置，基于地理信息系统平台，提出了经验法、自然网络与专家系统、类比与账单法、群和因素分析法、回归法及空间作用模型这 6 种方法，和相对应的应用情况。

（4）人口分布与消费者行为和心理研究

美国学者赖利（W. J. Reilly，1931）以牛顿的万有引力定律为核心，提出了零售引力模型，认为一个城市对周围地区的吸引力与该城市的人口规模成正比，与两地间距离的平方成反比。也就是说，某城市的人口数量越多，该城市的商业中心吸引附近城镇的消费者就越多，但对于距该城市较远的城镇而言，被吸引的消费者越少。Hayashi N[20]（2003）以加拿大的零售系统为例，回顾了当地商业活动的发展，发现随着人口分布的变化，特别是汽车的广泛使用，零售业空间在城市商业空间中不断扩大。在经历 20 世纪 90 年代的金融危机后，加拿大城市零售体系变得更加复杂，可理解为以中心、带、集群和区位为属性的市区和郊区两个空间维度。

从消费心理学与消费行为学的层次来看，由于国内外城市发展及经济状况的不同，导致城市居民的消费心理和行为有很大差异。因此，零售业在营业规模、业态形式、商品种类、业态空间布局、建筑形式等方面，为适应不同的消费需求而有所不同。

贝里（Brian J. L. Berry，1958）等[21]所创造的三级活动理论创造性地在理论架构中考虑了消费者活动的影响，建立了空间模型，将消费者活动作为区分商业空间形式的重要参考之一。戴维斯（Davies，1976）[22]建立了"购物中心等级体系的发展模型"，其中心内容是探讨消费者自身的经济属性如何影响消费活动以及商业设施，具有较强的实用价值。波特（Potter，1982）[23]通过消费者认知行为对零售区位分配进行分析，构建起基于消费感知、行为与零售区位的计算模型，针对"信息场"和"利用场"差异进行研究，指出两者的表现形式均以楔状扇面为主，以公众聚居区为核心，辐射商业中心区域。提出信息场作用明显大于利用场的观点，同时指出信息场强度与消费环境、消费者背景、家庭情况等有直接关系。

（5）零售市场饱和度研究

早在 20 世纪 80、90 年代，发达国家的学者已经开始对零售市场是否饱和进行了激烈探讨。J. Benjamin 等[24]（1998）通过比较美国的人均商业面积增长率和人口增长率，判定美国的零售市场开始出现饱和，但同时也提出判断零售市场是否饱和需要多个指标。J. Dennis Lord[25]（2000）认为零售市场的饱和点不是一成不变的，应随着零售系统和消费者需求变化而变化。M. OKelly[26]（2001）提出了利用销售额和营业面积的数据，比较两者所占市场份额的增长率，若后者增长率大于前者，则认为达到了零售饱和点。美国著名的咨询公司 Kearney 在 2003 年的全球零售业发展报告中指出零售市场饱和度包含 2 个指标，即人均占有现代零售业面积和国际零售商数量[27]；但在 2004 年的报告里增加了 2 个评价指标，即零售业所占市场份额和主要零售企业所占市场份额[28]。以上研究表明，零售业所占市场份额已经成为评价零售市场饱和度的重要指标。

1.2.2 国内研究综述

在城市商业活动中，消费因素和销售互动平衡作用于商业业态，并在空间上体现为商业业态的等级、规模和组织。国内的研究大多通过回顾历史，比较各个时期商业空间结构的变化，总结了影响此变化的因素，虽然大都处于定性分析和理论分析阶段，但目前已逐渐纳入定量测度，与定性分析相结合。

（1）总结与回顾商业空间结构的综合研究

赵守谅等[29]（2006）分析了美国在控制性详细规划编制中重视运用经济方法进行理性分析。方远平等[30]（2007）回顾了 1980 年后我国城市商业区位研究的进展，分析了我国商业区位研究中 3 个阶段的主要内容与研究方法，并概述了商业区位、微区位理论、外资零售企业区位、社区商业布局等在轨道交通、商业区位等因素的影响下的一般特征，指出重实证、轻理论是目前我国商业区位研究中出现的问题。王乾等[31]（2012）回溯了近百年南京商业内部空间结构演化的过程，根据南京市商业发展的阶段性特征，将其分为 3 个时期，即近现代资本主义商业形成和发展时期、计划经济条件下城市商业的发展时期和改革开放后现代商业发展时期。总结了 3 个时期商业空间结构演变的特征和规律，论述了南京城市商业空间结构演变的主要因素，包括社会制度、商业业态结构转变、交通及人口分布。于露[32]（2016）基于空间句法，构建线段角度模型，梳理了重庆市沙坪坝中心区的商业中心在近 70 年来的变迁，揭示了在商业中心区的维持和演变中，空间构形变化所起到的作用。以上研究虽然分析了城市商业空间的演变，但都是从历史现象及特征的角度分析的，缺少数据的支撑。

（2）商业业态布局与零售商业空间结构影响要素研究

宁越敏[33]（1984）在对上海的商业中心区位的探讨中，总结出历史原因、人口密度、地价、消费者购物行为及居民的收入分布是影响商业中心区位的几大因素。安成谋[34]

（1990）认为影响城市零售商业网点布局的主要因素有城市人口的数量与布局、居民的购买力水平、原有商业网点的布局、商业网点的地理位置和交通运输条件以及历史因素影响。赵斌正[35]（1990）认为影响商业中心区位选择的指向因子有交通指向、人流指向、配套设施指向和地租指向。林耿等[36]（2004）认为广州市商业业态空间的形成是相关产业发展、城市用地规划与开发、交通运输条件、消费行为和经营行为、历史文化等因素共同作用的结果。张水清[37]（2002）指出商业业态与商业空间结构具有极大的相关性，他认为商业活动围绕城市进行，并以其为中心，商店是商业业态的主要载体，不同业态有各自的市场定位与地理定位，因此对区位的需求也不一样，其区位评价与选择的结果导致特定的城市商业空间结构出现。何丹等[38]（2010）通过研究上海市零售业态的布局实际，讨论了零售业态对商业空间结构的影响，总结出了以下几个方面的原因：1）新业态的出现推动新商业空间的形成；2）市场的多元化需求，使商业区职能更专业化与综合化；3）交通指向性也影响着零售业布局；4）零售业与居住空间相互促进；5）政府的投资。马晓龙[39]（2007）通过实地调研与采访，获取了西安市大型零售商业企业的大量数据资料，他以城市中大型零售商业企业的空间布局作为切入点，定性与定量分析了其空间结构和市场格局，初步设想了西安市零售商业未来的空间布局模式与思路。叶强等[40]（2007，2011）以长沙为例，基于商业地理学，研究分析大型购物中心对城市商业空间结构的影响机制，指出大型购物中心在商业空间结构中居于重要地位，它的集聚与扩散作用表现在业态结构和空间区位上，并推动着城市商业空间的等级结构和规模的发展，同时，研究从宏观、中观和微观的角度提出了对策和建议。焦耀等[41]（2015）基于多源 POI 数据，综合分析广州市商业业态的空间布局及其机理，并分析影响业态布局的多方面因素，包括土地利用、产业整合、购物聚类、交通、消费者行为和历史文化因素。

归纳文献中所述的影响要素可知，影响城市大型零售商业空间结构的主要要素有城市人口、城市居住区、城市交通以及城市商业网点规划，其他的影响要素包括历史因素、物流运输条件、电子商务等。但是将以上几种要素结合起来综合分析其与城市零售商业空间结构演变的互动关系的研究还很少。

（3）人口、消费行为与商业区位选择的研究

王宝铭[42]（1995）基于第四次人口普查资料和商业调研数据，对天津市商业网点分布状况与人口分布的相关性进行了研究，认为两者之间相互吸引，商业网点布局随人口增加而密集。朱枫等[43]（2003）应用 GIS 技术，以上海浦东新区的 160 个大型零售店作为研究对象，分析了影响商业空间布局的要素，并对人口分布与商业布局的相关性进行研究，认为两者存在显著的正相关关系，其次是道路的影响。周尚意等[44]（2003）以美国学者沃尔克的人口重心概念为主要依据，结合洛伦兹曲线，绘制了 1991～2000 年北京市人口分布变化，同时计算了市区内的大中型商场在此时间段内的变化。研究发现，城市正由向心集聚向离心分散过渡，而人口分布重心与大中型商场分布重心的拟合度虽然有时滞性但基本一致，两者相互影响。薛领等[45]（2005）根据北京市海淀区的人口数据，将空间相互作用理论与模型相结合，定量分析了海淀区人口与商业空间布局、商业发展和空间互动的关系。鲁婵[46]（2012）以长沙为例，研究了城市人口重心与城市商业空间重心的相关性，利用 GIS 平台，将人口分布重心与商业空间重心进行拟合，发现两者间发展的相关性较弱，出现了空间不匹配的问题。王芳[47]（2015）基于 POI 数据，将北京市居住小

区尺度上的零售商业网点与人口耦合，发现商业网点的空间布局与人口分布不匹配，存在商业网点分布不合理的现象。

忤宗卿等[48]（2000）对天津市民进行了问卷调查，从空间、时间、目的、频度和方式几个方面综合分析了城市居民的购物出行活动，建立了不同收入阶层对各级商品购物距离或者频度的购物出行空间等级体系。王德等[49]（2001）基于上海市第二次交通调查的相关数据，分析了上海市消费者购物出行对商业空间结构的影响，指出空间分布不平衡、等级序列分明和强中心线型结构是上海市商业空间结构的基本特征。柴彦威等[50]（2008）以改革开放后市场经济转型及消费者因素日益重要的零售环境变化为出发点，通过实地调研与发放调查问卷的形式，运用经验行为主义方法，研究得出上海市不同收入地区的居民消费行为空间呈等级结构的特征，并且未来趋于扁平化，类似戴维斯模型，其成因相似。这与商业中心地的空间结构及其变化是相对应的。

这些研究虽然都证明了人口分布及消费者的行为偏好对零售单位的选址有相关性，但人口布局如何影响零售空间以及两者间的互动关系怎样还有待进一步研究。

（4）居住空间与零售商业空间结构研究

杨恒等[51]（2009）以长沙市为例，通过研究分析城市化的集中化与郊区化两个阶段中，商业空间与居住空间的发展过程，得出两者是相互影响并在不同的历史背景下占交替主导地位的结论，在此基础上分析互动过程中存在的问题，最后提出如何协调两者和谐发展的几点建议。林耿等[52]（2009）从商业配套与居住、商业与房地产开发两个层次，对广州市越秀区业态空间与房地产开发间的关系进行了研究。曹诗怡[53]（2012）从规划评估的角度，运用GIS技术，对长沙市居住空间与城市商业空间结构的相关性进行了研究，认为居住空间的分布与商业业态布局相关性较差，意味着居住空间与商业空间的发展不匹配，商业布局并没有围绕居住区的扩张而发展。余建辉等[54]（2014）研究了北京城市居民的居住及工作的迁移决策，提出二者存在正向的协同性。

（5）交通与零售商业空间结构研究

国内对交通与零售商业空间结构间的关系研究主要从道路交通和轨道交通两个方面开展。

陈晨等[55]（2013）以长春市为例，研究交通网络中心点与商业网点分布的相关性和统计学特征，研究认为交通网络中心对商业网点的布局有决定性的影响，并且商业设施的直达性是区位选择的最重要因素。曹嵘等[56]（2003）采集了上海市徐汇区某区域在2001年5月内的道路交通流量和零售商业营业面积数据，用SPSS进行了一元和多元回归分析，研究证明零售商业区位选择的基础是人流和物流的集聚，商业依赖便捷的交通吸引消费者，同时又存在干扰如造成交通拥堵。以上研究由于数据有限，道路交通对零售商业空间结构的影响机制未能深入研究，且研究结果可能存在一定误差，还需要进一步验证。

相比而言，轨道交通对零售商业的影响研究更广泛。蔡国田等[57]（2004）指出广州市零售商业的空间将随着地铁网络的形成而重组并向多中心格局发展。宋培臣[58]等（2010）通过研究轨道交通与零售商业结合的具体形式，也认为轨道交通会使零售业逐渐形成多中心、网络化的空间布局结构。郝立君[59]（2007）基于对上海的研究发现轨道交通的发展在改变商圈布局的同时，也使商圈数量增长并获得更紧密的相互联系。夏海山等[60]（2010）则研究了北京地下商业空间的演变规律及布局特点，并评价其未来发展的合理性。李粼粼等[61]（2012）通过研究武汉轨道交通的建设，发现其可以使武汉传统的商业空间模式转变为新型层次网络的商业空间格局。黄晓冰等[62]（2014）借助熵值及其均衡度和优势度模型理论对地铁与商圈零售商业关系的研究表明位于城市近郊区的站点、交通接驳点的站点、开通时间晚的地铁站点的零售商业结构趋向均衡。郑思齐等[63]（2012）通过 Urban Sim 平台研究了轨道交通建设对企业选址和开发选址的影响。朱红等[64]（2011）通过分析轨道交通模式下的新时空维度特点，以及由此引起的人口分布、出行距离、消费行为等变化特征，阐述了现阶段我国商业空间结构在"商业中心分布、商业等级结构和新商业空间产生"三方面的发展变化。张海宁[65]（2011）分析研究了轨道交通综合体对城市商业空间结构演变的影响机制及影响因子，即节点集聚因子和场所扩散因子。陈忠暖等[66]（2013）从微观尺度分析了广州市三个地铁站点周边的商业网点，发现地铁周边的商业网点分布不均且呈圈层结构，地铁商业集聚呈现共性与差异，这与商业属性、商家聚集、道路体系都有关。

虽然以上研究针对城市轨道交通与城市零售商业空间的互动比较深入，但是购物出行不是以地铁、轻轨等作为单一交通工具，大多是公交、步行与地铁结合，或者私家车出行，所以上述研究具有一定的局限性，缺乏将交通出行方式综合起来考虑。

（6）零售业饱和度研究

董进才[67]（2005）对零售业饱和度的评价指标进行了探讨，然而没有提出行之有效的方法予以实际指导。魏利等[68]（2007）提出了分三个层次对零售饱和度进行评价的数理方法，三个层次分别为：合理兴建商业网点层、准则层和指标层，规划新建的商业网点层，其中准则层和指标层要依据人口因素、地理因素、消费者和销售状态而定。虽然研究提供了数理方法，但其中缺乏支撑数据，因此该方法的合理性还有待进一步证实。李耀莹等[69]（2012）根据零售饱和指数和凯利动态相对指数，从消费者利益和零售商利益两个角度，对北京市的零售业态和几个具有代表性业态，进行了零售饱和度的定性研究，研究显示北京多种零售业态已经趋于饱和，但该研究缺乏翔实的数据支撑。

1.3　研究内容与研究思路

1.3.1　研究内容

（1）研究内容

选择某城市作为实证案例，在城区范围内，以大型零售商业为研究对象，研究各种业态网点规模和区位分布合理性及演变规律，各业态网点规模和区位分布与人口（住宅）分布的相互关系，以及推动商业空间结构演变的主要因素与作用机理。

零售商业业态包括超市、购物中心、商业街、专业大卖场和百货店。

（2）研究目标

揭示城市大型零售商业空间结构演变规律，并掌握推动城市大型零售商业空间结构演变的主要因素和作用机理，对城市商业空间结构科学发展提供理论依据。

（3）研究依托

本研究依托国家自然科学基金面上项目《转型期我国中部地区城市与商业空间新结构

模式研究》，在该项目前期研究的基础上，进一步梳理城市零售商业空间结构演变的相关影响要素与动力机制，期望形成完整的成果体系。

（4）商业网点规模限定

由于 2004 年 5 月 1 日起开始实施湖南省地方标准——《商业业态规范》和《商业设置规范》，这些标准中将营业规模在 5000m² 以上的零售商业网点定义为大型零售商业网点。本研究沿袭这一定义，仅限于对 5000m² 以上的零售商业网点进行研究。

（5）实证案例选择

城市零售商业空间演变模式的研究需要结合多个城市的数据样本，通过比较进行分析，但由于采集数据的难度、条件、时间、能力等各种问题，以及为保证采集的数据在一致的时间范围内，研究的区域选择为长沙市中心城区，数据的时间范围定为 2000 年至 2015 年底，每五年分为一个研究阶段。

（6）研究空间区域选择

本研究的地理空间区域选取长沙市中心城区，主要包括雨花区（东）、天心区（南）、岳麓区（西）、开福区（北）和芙蓉区（中心）五个行政区。五个行政区的各项指标见表 1-2。研究根据《长沙市城市商业网点布局规划（2005～2020）》（2011 年修订）中划分的商业中心，选取区域内的 11 个商业中心进行研究。

2014 年长沙城市中心区及五个行政区划的部分经济指标　　　　表 1-2

综合指标	长沙市（整体）	雨花区（东）	天心区（南）	岳麓区（西）	开福区（北）	芙蓉区（中心）
市区总人口(万人)	671.41	57.63	39.73	64.48	45.22	40.39
市区或区域面积(km²)	1909.86	115.23	73.33	538.83	188.73	42.68
地区生产总值(亿元)	7824.81	1429.73	642.76	774.04	661.77	940.20
社会消费品零售总额(亿元)	3293.55	593.96	404.30	246.55	586.01	646.33

资料来源：作者根据长沙统计年鉴整理。

1.3.2　商业空间结构演变表征与研究思路

城市零售商业空间结构演变表征分为三个方面的内容：其一为城市零售商业空间结构表现为商业网点的规模分布、商业网点的区位分布以及商业网点的业态类型；其二为空间结构演变规律反映在全体业态和每种业态类型的网点规模及网点区位分布的变化过程中；其三为城市零售商业空间结构的合理性表现为商业空间结构与人口（住宅）分布的吻合程度。

本书通过分析 2000～2015 年间长沙市零售商业网点的规模和区位分布，对城市零售商业空间结构的演变展开研究，具体研究思路如下：

通过商业网点在各年度的规模及区位分布，研究商业网点的规模和区位分布及演变；

通过商业网点的规模及区位分布、人口和住宅的分布，研究商业网点的规模和区位分布与人口（住宅）分布的相互关系；

利用人口数量和住宅数量获得网点的需求规模，以此评价目前网点规模的合理性，同时揭示商业网点规模的演变规律及网点规模分布与人口（住宅）分布的吻合规律，研究城市零售商业空间结构的合理性；

通过商业网点布局规划与网点现状进行比较，研究规划商业中心的发展状况及其未来趋势。

1.3.3 以长沙为实证案例的合理性

国家"十二五"规划将长沙确定为重点开发区域，是全国两型社会建设综合配套改革的核心试验区。作为中西部重要的省会城市，长沙与国内多数大城市尤其是中西部大城市相比，在城市空间结构、城市发展水平、路网格局等方面具有明显的共性，并且长沙的消费文化超前，具有休闲化和娱乐化的特点。同时，长株潭一体化加速，使长沙扩大了影响范围，并为长沙提供了继续发展的机会。

（1）城市区位优势

作为泛珠三角区域的重要城市，长沙被视为中部经济区域的核心城市之一，其辅助东部发达地区的技术、人才、资金、产业西移。与此同时，西部丰富的资源通过长沙逐步输入东部地区，使长沙成为东部持续向腹地纵深发展、西部大开发取得成效的重要支撑点。独特的地理位置决定了长沙在泛珠三角经济区和中部地区内部的合作与交流中，扮演着十分重要的桥梁和纽带角色，是东、中、西三大经济板块之间的产业转移中心、经济资源和生产要素的集散中心。作为长株潭这一中部最具爆发力城市群的核心城市，长沙通过大力推进长株潭经济一体化，大大增强了城市聚集力、辐射力和影响力。同时，在中央的"一带一部"战略部署下，湖南处于东部沿海地区和中西部地区过渡带、长江开放经济带和沿海开放经济带结合部，独特的区位优势，使长沙成为中西部地区具有影响力的城市。

（2）城市空间结构的典型性

胡俊根据中国现代城市空间结构类型的特征，将中国现代城市空间结构分为七种基本类型[70]（见表1-3）：

Ⅰ型——集中块状结构；　　　　　Ⅱ型——连片放射状结构；

Ⅲ型——连片带状结构；　　　　　Ⅳ型——双城结构；

Ⅴ型——分散性城镇结构；　　　　Ⅵ型——一城多镇结构；

Ⅶ型——带卫星城结构。

城市在现代化发展的过程中，其空间逐步向集聚型、向心增长方向发展，空间结构紧凑，其中，Ⅰ型集中块状城市最具有代表性。

中国现代城市空间结构类型的数量构成　　　　　　　　　　　　　　表 1-3

	Ⅰ型	Ⅱ型	Ⅲ型	Ⅳ型	Ⅴ型	Ⅵ型	Ⅶ型
数量	61	31	43	6	4	26	5
占比（%）	34.7	17.6	24.4	3.4	2.3	14.8	2.8

资料来源：胡俊.中国城市：模式与演进.北京：中国建筑工业出版社，1995.10，68。

另外，中国的现代城市一般都是围绕一个市中心，形成一大片居住区，在城市中轴线四周是环状放射型的道路系统，城市外缘是工业区，再配以其他功能地段。尽管每个城市的具体表现形式不同，但城市结构在总体特征上是基本一致的。

长沙自有城市形态资料记载以来，始终以旧城为核心逐步向周围扩展，并形成了单核心、集中块状的结构形式。随着城市经济的发展，正在向多核心城市空间结构形式发展，而商业空间是城市向多中心结构扩散的重要的动力因素之一。长沙呈"一轴两带多中心、一主两次六组团"的山、水、洲、城融合的城市空间结构，即集中块状城市空间结构，因此极具有研究价值。

目前，我国大部分主要城市正在修订原有的商业网点规划，如何使已有商业中心与正在规划的新商业中心共同繁荣是急需解决的城市发展问题。长沙因其城市空间结构、结构特征、发展过程所具备的代表性，而可被视为是国内城市商业空间结构研究的城市代表。

（3）快速发展的经济优势

近年来，我国中西部地区的社会消费品零售总额呈现快速增长的势头，大多数省份增速超过全国平均水平。长沙强力推进"三化"进程，经济快速高效发展，进入了良性发展时期。"十五"时期 GDP 和工业总产值双双跃上千亿元台阶，地方财政收入突破百亿大关。经济结构日趋优化，新型工业化进程加速推进，农业产业化程度不断提高，商贸优势更加凸显，现代服务业和开放型经济快速发展，非公有制经济日益壮大。长沙的消费品市场发展在全国始终处于领先水平，据湖南统计局资料显示，2011 至 2015 年，长沙社会消费品零售总额年均增长 15.1％。2015 年在全国 26 个省会城市中，长沙社会消费品零售总额排位第 7，在中部 6 个省会城市中排在第 2 位，仅次于武汉。省会长沙的城市经济发展在中西部主要省会城市中处于中上水平，与中西部城市在全国的排位情况相类似，也代表了中西部地区主要省会城市的发展状况（表 1-4）。从表 1-4 也可以看出，长沙社会消费品零售总额与城市居民人均可支配收入一直居于全国省会城市特别是中部地区城市的前列，消费市场潜力巨大，可见长沙的城市经济发展又有明显的特点。

2014 年长沙与中西部地区主要省会城市综合指标比较表　　　　表 1-4

项目	长沙	西安	武汉	成都	郑州	南昌	贵阳
城市总面积(km^2)	11816	10096	8589	12121	7446	7402	8034
市区面积(km^2)	1910	3581	3964	284	1010	617	2403
城市总人口(万人)	671	815	827	1211	938	524.02	454
市区人口(万人)	304	587	559	582	478	371	334
城镇化率(％)	72.3	72.6	55.7	70.4	68.3	70.9	73.2
地区生产总值(亿元)	7825	5475	10069	10057	6783	3668	2497
全国排位	12	18	7	8	16	25	31
人均地区生产总值(元)	107683	63794	98000	83849	72993	70373	55018
全国排位	3	20	7	16	12	13	23
社会消费品零售总额(亿元)	3294	2828	4369	4202	2914	1429	889
全国排位	12	19	7	8	18	26	32
年人均可支配收入(元)	36826	36100	33270	32665	29095	29091	24961
全国排位	11	12	15	16	22	23	32
年人均消费(元)	26779	—	22002	—	20122	19628	19501
全国排位	9	—	19	—	19	20	21

资料来源：作者根据 2015 年长沙统计年鉴、各地统计信息网及各城市统计公报整理。

　　"—"为没有数据

因此，研究长沙的城市空间结构发展，对省会城市如何带动城市建设与经济发展，优化已经形成的商业与城市空间结构以及引导未来城市规划与发展，具有一定的代表性，同时对我国中西部城市以及结构类似城市有着可借鉴的意义。

当然，以长沙市为实证案例也具有一定的局限性，长沙市不能代表北上广深等一线城市，也不能代表沿海进出口岸发达城市，还不能代表经济发展相对落后的西部城市。

1.4 技术路线与研究框架

本书以长沙市的大型零售商业为研究对象，基于城市大型零售商业网点、街道人口及住宅的相关数据，借助于统计分析、消费心理与消费行为、分类、聚类等手段，研究各业态（全部业态）商业网点的规模和区位分布的合理性及演变规律、各业态（全部业态）商业网点的规模和区位分布与人口（住宅）分布的相互关系以及推动商业空间结构演变的主要因素与作用机理。本书的研究技术路线如图1-2所示。

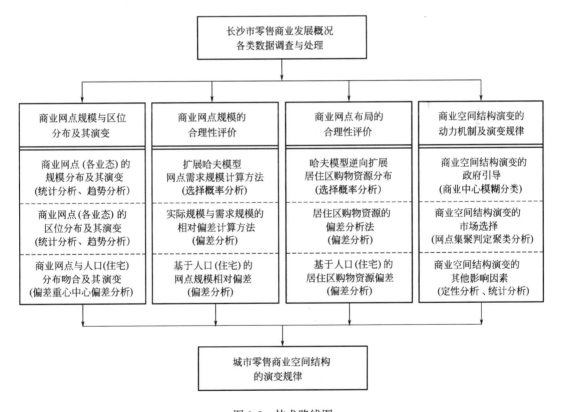

图 1-2 技术路线图

本书各章节组成如下：

第1章为绪论，叙述了研究背景及意义，对国内外研究现状进行了综述，提出研究内容、研究思路，对实证案例的选择进行了分析。从快速城市化、城市功能转型及全球经济一体化的角度，提出城市商业空间结构演变各类研究的必要性。所概述的国内外研究成果涉及以下领域：商业空间结构，城市商业地理学，城市交通与商业、人口及住宅的关系，零售商业空间区位选择及其影响因素，人口分布与消费者行为和心理，居住空间与零售商业空间结构，零售市场饱和度等。详细描述了城市商业空间结构演变的研究内容和研究目标，简要叙述了以长沙为实证案例的合理性。

第2章介绍了将要运用到的主要概念、相关理论与方法。主要概念包括城市空间结构、城市商业空间结构、零售商业、城市商业中心等。相关理论及方法包括城市空间结构理论、商业地理学及零售地理学、消费心理学及消费行为学、统计分析理论、分类与聚类分析理论等。

第3章概要性地介绍了长沙城市发展和商业发展的历史和现状，并介绍了零售商业发展的梗概。在城市发展方面，介绍了长沙城市化进程、产业结构与经济、城市空间结构与形态、城市交通状况。在商业发展方面，介绍了商业发展历史和现代零售业的发展状况。

第4章详细介绍了大型零售商业空间结构演变分析所需的数据调查与数据处理。阐述了各项数据的调查方法和数据内容，对缺失数据进行合理估计、加工处理，提供了问题分析的数据支持。

第5章采用统计分析、趋势分析、中心和重心位置相对关系比较分析等方法，基于调查和处理的基础数据，分析各商业网点规模大小与区位分布及其演变规律。通过比较分析各年度各业态的大型零售商业网点规模与区位分布，揭示商业网点的演变特征，以及各业态商业网点演变特征与差异性。通过比较分析中心、重心的位置相对关系，揭示大型零售商业网点与人口（住宅）的空间相对关系。

第6章借助于消费心理和消费行为，对哈夫模型进行扩展，基于调查和处理的基础数据，估计各年度各业态各网点的需求规模。提出商业网点实际规模与需求规模的偏差分析方法，分别基于各街道的人口数量和住宅套数计算出来的商业网点的需求规模，对各年度各业态（全部业态）各商业网点的实际规模与需求规模进行相对偏差分析，进而分别从各年度各业态（全部业态）各商业网点的角度，对实际规模的过剩或不足的形成背景进行分析。

第7章借助于对哈夫模型的逆向扩展，提出各居住区人均购物资源的计算方法，进而提出各居住区人均购物资源的分布差异的评价方法。分别基于长沙各街道人口数量、住宅套数和购物出行时间，计算出各年度各居住区的人均购物资源及其标准差、居住区关于各业态的人均购物资源与整个区域的人均购物资源的差值，判定各业态购物资源相对富足或匮乏情况，对商业网点布局的合理性进行评价。

第8章研究城市大型零售商业空间结构演变的影响因素，包括动力主体和其他因素。对全体商业网点按距离空间分类，评价规划商业中心的集聚发展状况；对全体商业网点按距离空间聚类，揭示自然形成的商业网点的集群特征，以发现和预测商业中心的自然形成情况。另外还总结了城市零售商业空间结构的演变规律。

由于研究内容中已经明确界定了研究对象仅限于大型零售商业，为了避免文字过于繁冗，文中段落所提到的商业空间、商业网点等词汇，除了上下文明确表现出其他含义外，都蕴含了大型零售商业空间或大型零售商业网点的含义，在此特别予以说明。

第 2 章　主要概念与相关理论

2.1　主要概念

2.1.1　城市空间结构

城市空间结构是城市规划学、城市地理学等多个学科研究城市空间的核心关注点之一。它从地域上涵盖了城市所在的全部空间，从时间上囊括了城市发展的各个历史阶段，从精神上有机地包糅了政治经济文化社会等几乎一切的城市内涵，并用一种物化的形式予以体现，它是城市功能组织在空间地域上的投影。

Foley[71]（1964）和 Webber（1964）指出，城市空间由两种因素构成，即空间因素和非空间因素。同时，空间结构也涵盖了形式与过程两个层面，分别体现出空间分布与作用模式。在空间结构上则表现为以建筑物为代表的静态空间和以交通为代表的动态空间。Johnston（1980）针对城市空间的构成将其分为各项内容，一是非居住区域特征，主要以商业、制造业以及办公区域为主。二是根据人口密度、社会区域形式、社会形态为主的区域特征。三是根据土地利用情况核算其交通容量，对运输成本绩效分析，实现最低运输成本，以此判断最佳区位。Bourne[72]（1971）指出，城市空间包含了城市形态与空间作用两项内容，其中有三项主要因素，即城市形态、组织法则和城市内在的互动作用。

国内对城市空间结构的研究选择从传统城镇体系的角度切入，还有相当数量的研究者选择从经济地理学的角度开展研究，这些研究往往注重城镇间的组织关系与结构，大都采用了理论探讨或实证检验的方法。武进[73]（1989）指出，城市空间的结构变化能够体现出不同区域位置关系的演化，具体而言包括区域、社会形态、政治发展、文化要素、产业能源等多元结构，但是这些因素都不能对城市外形进行集中体现。胡俊[70]（1995）分别从表面与实质两个角度对城市空间进行分析，并对其概念进行界定。从表面形式而言，它属于不同物质要素在城市平面的立体展示，以表现出构造特点与类型区别，属于多种建筑形态的复合。从实质角度而言，它则涵盖了经济文化与社会发展历史中的物化成果，能够体现出特定时期和特定环境下人为因素与外部因素相互作用的结果，是城市功能物质化的特定表现。顾朝林等[74]（2000）经过研究指出，城市结构的变化具有历史演变特点，从其发展过程当中能够探索城市组织形式与表达形式的变化，这一观点使城市结构的界定更具三维化描述特点。黄亚平[75]（2002）指出，城市结构体现出特定空间的布局与组织关系，是物质文化与精神文化相互碰撞融合所形成的历史进程，能够体现其地理位置和发展状态等因素。

2.1.2　城市商业空间结构

城市商业空间结构是销售和消费两种行为相互影响的动态平衡机制在空间上的表现。

仵宗卿等著名学者对国内目前商业空间理论进行总结和归纳，对商业空间的概念进行了界定："城市商业空间结构是销售与消费两种行为相互影响的动态平衡机制在商业形态、规模、构成等方面的空间表现。它包括两方面的意义：一方面是其内在的讨论对象是销售与消费两种行为相互影响的平衡机制，详细来说就是不同商业形态及细分市场在地理位置、类型等因素上相互影响过程中的合作与对立关系；另一方面是外部的展现形式为不同商业业态的规模等级空间网络结构"[76]。由此分析，城市商业空间结构宏观上是指商业各种要素之间的相互作用关系，以及这种作用关系所反映到城市平面和空间上的结构与空间形态；从微观层面能够体现出商业活动当中的区位、形态、规模等因素，进而推演消费行为、偏好、交通形式以及消费能力等。

2.1.3 零售商业

（1）零售业

零售业是将商品向消费者销售为主，同时提供相应服务的行业[77]。关于零售业的定义，主要有两方面：从营销学的角度来看，个人或者公司从批发商、中间商或制造商处购买商品，并将其直接销售给消费者的商品营销活动称为零售业；另一种是美国商务部的定义，区别于批发业，零售贸易业是指零售商向普通公众销售较少数量的商品，且提供以此产生的服务。此定义中的零售商包括店铺零售商和无店铺零售商。

（2）零售业态的定义

1）美国的定义

在美国，零售业态基本上采用 type of retails 或者 type of retail establishments 的说法，极少用 type of operation。但在 1939 年的美国商业统计的零售业分类中却采用了 type of operation 来表示零售业态。1977 年美国更新了零售业分类法，对零售业态的表述更改为 kind of business 和 type of retail establishments，不再使用 type of operation 一词作为零售业态分类用语。但在美国新的商业统计分类中，弱化了零售业态这一概念，而是根据美国目前的消费习惯和零售业情况，将业态和业种结合起来进行分类。

2）日本的定义

"业态"一词来源于日本，日本的研究者从不同角度对零售业态进行了定义，大致分为三类：

第一类以铃木安昭[78]的定义为代表，他认为零售业态等同于零售形态，所谓业态是指零售经营者关于店铺经营战略的总和。而店铺就是零售经营的场所，换言之，就是零售商需要对零售地点、经营规模、销售方法等各方面做出决策，以满足经营者的目标市场，从而形成零售店铺的形式。

第二类的代表是日本零售商业协会的定义。协会认为零售业态是适应消费者购买习惯的经营形态，它根据消费习惯而变化。区别于零售业种，零售业态的分类更偏向于消费者的购买特点。

第三类以向山雅夫[79]为代表，他认为"业态"就是"零售商业形态"，是将具有相同经营方式、经营技术和方法的零售商业机构归类集合，每一类就是一种业态，具体包括百货店、超市、便利店等。

也有日本学者从狭义和广义两个角度来定义零售业态，如兼村荣哲[80]。他提出的狭义零售业态是从直接面向消费者的店铺或商家的角度，认为零售业态是店铺或商家为消费者提供零售服务的商品、价格、店铺、销售等零售要素组合形式，相当于英语的 type of store、store format、store concept。从广义上来讲，零售业态不仅包括前述的狭义业态，还包括支撑狭义业态的零售组织、所有制形式、企业形态等，等同于"零售形态"即 type of operation。广义的零售业态不仅包括便利店、折扣店等，还细分出了特许连锁店、自由连锁店等关于连锁店的分类。

3）我国的定义

我国于 2004 年颁布了新的零售业分类标准，在 2000 年的版本上进行了修订，新的分类标准将零售业态定义为：零售企业为满足不同的消费需求进行相应的要素组合而形成的不同经营形态。这一概念包括了两方面的含义：第一，目标市场明确；第二，具体的经营策略，包括选址、规模、商品策略、价格策略、商店设施、服务方式等。[81]

（3）零售业态分类

1）国外对零售业态的分类

科学的零售业态分类标准对于零售业的科学化管理无疑是大有益处的。目前，国际上对零售业态的分类主要依据零售店的选址、目标客户群体、规模、商品结构、经营方式、价格定位等。对于同一个大类的业态还能进一步细化为更具体的业态形式，例如超市还可以分成生鲜超市、综合超市等，具体依据研究的内容不同而分类不同。由于国际资本的介入，在引进新型零售业态的同时也引进了国际的标准和规范，所以大多数国家对零售业态的分类基本一致。

a. 日本的零售业态分类

"零售业态"一词虽然来源于日本，但日本的零售业态分类基本参照美国，同时结合本国的具体情况进行了修改。根据日本通产省的商业统计，零售业是按照销售的商品品种来划分的，但这种划分方式在日本错综复杂的零售业中有很大的局限性，因此有学者提出按照经营形态和方式来划分，即怎么卖来分类。日本教授福因顺子分别从店铺经营形态、商业聚集形态以及商业组织形态三个角度，对日本的零售业态进行了详细的划分与说明：从店铺经营形态的角度，日本的零售业态可划分为综合超市、百货店、专业店、便利店、居住用品中心、廉价店（折扣店）等业态；从商业聚集形态的角度划分为商店街和购物中心；从商业组织形态来看，分为连锁经营型和合作经营型。

b. 美国的零售业态分类

北美产业分类体系（NAICS）是目前国际上最有影响力的产业分类体系之一，它将零售贸易业种与业态结合起来统计，主要有以下几种分类：a）机动车辆及配件经销商；b）家具和家庭装饰品店；c）电子和电器店；d）建材和园艺设备及耗材经销商；e）食品和饮料商店；f）卫生和个人护理店；g）加油站；h）服装及其配件店；i）体育用品、娱乐、图书和音乐店；j）百货商品店；k）多种产品零售店；l）无店铺。在每个分类下面还进行了细分。

虽然美国零售业的业态种类繁多，但并没有单独从业态的角度对零售业进行分类。而美国学者对如何从业态的角度对零售业进行分类的研究也很多，提出了各种分类标准，如斯坦顿（Stanton W. J.）提出了零售业态分类的四个标准：①店铺规模；②商品组合；③所有制形式；④销售方式。菲利普·科特勒（Kotler P.）则提出了零售业态分类的五个标准：①商品组合；②价格诉求；③卖场特点；④店铺管理形式；⑤店铺集合形式。

c.法国的零售业态分类

法国的零售业态分类没有指定统一的标准，但主要参照以下三位学者的分类方式：

法国零售专家 Claude Brosselin 将法国的零售业态分为综合型商业、组合型商业和独立型商业三大类。综合型商业包括百货店、连锁商店、特级市场、杂货店、消费合作社、巨型专业商店；组合型商店包括零售合作社和自愿连锁组织；独立型商业包括各类独立型商店。

另一学者 Rves Chirouse 则在 Claude Brosselin 的基础上将法国零售业态分为四大类，即综合性商业、零售购买集团或零售合作社、完全独立型商业和契约型商业。其中综合性商业中的小分类更细化，包括自选型商店（小型超市、特级超市、巨型商店等）、百货店、杂货店、连锁店、消费合作社。

还有学者根据零售规模和其出现时序分为四大类：传统大企业、新型商业、消费合作社以及中小型商业，这种业态分类方式由亨利·克里埃和若埃尔·雅莱提出。[82]

2）国内对零售业态的分类

根据国家质检总局、国家标准委联合发布的国家标准《零售业态分类》（GB/T18106-2004），按照零售业的经营方式、商品结构、服务功能以及选址、商圈、规模、店堂设施、目标顾客和有无固定经营场所等因素的结构特点，将零售业划分为17种业态。零售业态是指零售企业为满足不同的消费需求进行相应的要素组合而形成的不同经营形态。从总体上可以分为有店铺零售业态和无店铺零售业态两类。

有店铺零售业态共有12种：

a.食杂店：营业面积在100m² 以内，以售卖香烟、饮料、酒、休闲食品为主；

b.便利店：营业面积在100m² 左右，以售卖即食食品、日用小百货为主；

c.折扣店：约300～500m²，主要是售卖品牌打折货品；

d.超市：营业面积6000m² 以下，经营包装食品和日用品；

e.大型综合超市：6000m² 以上，大众化衣、食、用品齐全，一次性购齐，注重自有品牌开发；

f.仓储式会员店：6000m² 以上，以大众化衣、食、用品为主，自有品牌占相当部分，商品品种在4000种左右，实行低价、批量销售；

g.百货店：是历史形成的商业聚集地，营业面积在6000～20000m²，以经营服饰、鞋类、箱包、化妆品、礼品、家庭用品、家用电器为主；

h.专业店：营业面积根据商品特点而定，以销售某一大类商品为主，体现专业性、深度性；

i.专卖店：营业面积根据商品特点而定，专门经营或授权经营制造商品和中间商品的零售业态；

j.家居建材店：营业面积6000m² 以上，商品以改善、建设家庭居住环境有关的装饰、装修等用品、日用杂品、技术及服务为主；

k.购物中心（含社区型购物中心、市区购物中心、城郊购物中心）：社区型购物中心面积在50000m² 以内，市区购物中心在100000m² 以内，城郊购物中心在100000m² 以上，购物中心内包括百货店家、大型综合超市、各种专业店、专卖店、饮食店、杂品店以及娱乐服务设施等；

l.工厂直销中心：建筑面积约 100～200m^2，为品牌商品生产商直接设立，商品均为本企业的品牌。

无店铺零售业态共 5 种，包括电视购物、邮购、网上商店、自动售货亭及电话购物❶。

本研究所述的零售业态类型或零售业态形式参照上述分类标准，采用有店铺零售业态作为研究对象，并选取其中 5000m^2 以上的零售业态，包括超市、大型综合超市、仓储式会员店、百货店、专业店、专卖店、家居建材店和购物中心。由于专业店、专卖店、家居建材店同属销售某一专业类型的产品，加上统计和整理需要，文中将其整合而统一称为大型专卖店。

零售业态与商业空间结构有着密切的联系，这种联系往往并不直截了当地体现在对城市商业结构的影响上，而是通过不同业态的商业企业根据自身特点及消费者行为的区位选择实现的，因此城市商业空间结构是商业业态的功能、规模与等级结构的空间表现。

（4）人均零售商业面积

20 世纪 80 年代，美国的购物中心及随后的 lifestyle 迅速涌现，为了比较美国不同地区的零售商业面积，美国媒体提出了人均零售商业面积（retail space per capita）这一概念，进而在各类媒体间广泛传播开。运用这一概念的数据来源于美国第一大商业地产 COSTAR 公司国家研究所的统计，实际上这些数据仅仅是统计美国各地的购物中心面积，所以美国媒体提出的人均零售商业面积指的是人均购物中心面积。这一概念引入中国后，在 2008 年被上海市住房保障和房屋管理局作为商业地产的检测指标。此后行业内普遍接纳了人均零售商业面积的国际标准，即 1.2m^2，并延伸出人均零售商业面积在一、二、三线城市分别为 1m^2、0.75m^2 和 0.5m^2 这一具体概念。

然而，"人均零售商业面积"的国际标准遭到了学者们的质疑。首先，把完全不同的市场用统一的标准来衡量是不科学的，同一城市的不同区域内的人口结构、商业设施都不一样，所以不能用一个统一的标准衡量，更不能作为城市商业规划的依据。其次，"人均零售商业面积"在运用过程中被曲解了，计算时不仅包括了购物中心，还包括了小型商铺、独立商场等。我国的统计是"规模以上零售企业的经营面积"，因此以"人均零售商业面积"作为某地商业面积的衡量标准可能存在误导。但"人均零售商业面积"依然有其应用价值，可以通过相关的数据及其对应关系，掌握整个城市中某种业态的供需面积是否大致对应。

在本研究中，"人均零售商业面积"这一概念指的是在单位营业时间内（例如一天），消费者和用户在购买商品和服务时占用的商业面积，以人均 1.2m^2 作为指标。虽然这一概念和指标有颇多争议，但可以从人均零售商业面积的变化中看出城市商业的发展变化情况，所以本研究仅将此指标作为参考数据，并非标准依据。

2.1.4　城市商业中心

商业中心是指在一定区域范围内进行商品流通的枢纽地带。商业中心按照规模可以分为两大类：一类是指履行商业职能的中心城市，按照规模与区域等级又进一步划分为全国

---

❶ 《零售业态分类》（GB/T18106-2004）

性商业中心城市和地方性商业中心城市。这一类是以城市为单位，大多位于物流集散便利的地带，从其性质、布局、规模和功能来看相当于贸易中心，主要是为本国或国际城市间提供商品流通的平台。另一类是指城市中较集中和活跃的商业聚集区，活动范围是城市内部。这一类商业中心主要服务于城市居民和旅游消费者，集零售、批发、金融、服务于一体。本研究的范围即后者，这类商业中心即为城市商业中心。

在有关城市商业中心的研究中，主要有以下几种称谓：商业中心、商业区、商圈、商服中心、中央商务区和商务中心，其中使用最为广泛的是商业中心。我国学者对城市商业中心主要有以下几种定义。安成谋[35]（1990）、刘胤汉等[83]（1995）认为城市商业中心就是城市中商业网络的交汇点，这个交汇点呈点状或条状分布，由各种规模的零售商业组成，并且城市商业中心根据其占地面积、服务范围和广度划分为市级、区级和居民区级三个等级；在陈泳[84]（2003）的描述中，城市商业中心区位于交通枢纽地带，有传统的零售市场，具有金融、零售、文化、餐饮、娱乐、服务等功能；赵亚明[85]（2005）指出城市商业中心是城市中集中供应多种商品的一些中心地区。此外，我国《城镇土地分等定级规程（GBT 18507—2014）》对商服中心的等级划分、边界、规模指数等都有详细说明，并对测度方法一般公式化，但并没有给出具体定义。

《长沙市城市商业网点布局规划（2005－2020)》(2011年修订）虽然没有定义城市商业中心这一概念，但将长沙市的商业中心分为市级商业中心、区域级商业中心和小区级商业中心三个等级，对每个等级的商业中心要求进行了详细说明。其中，市级商业中心要求其有完善的服务功能，辐射范围包括整个城市以及临近的城市，汇集了大量大型商业设施，是城市商业的突出形象与标志；区域级商业中心规模仅次于市级商业中心，应该是城市商业服务网络的中心环节。

本研究中所指的商业中心是以零售商业为主，有频繁的商业活动，并且市场、餐饮、商铺等商业设施相对密集，具有零售、文化、娱乐、服务等多种职能的点状或带状商业区域，其就业人口以从事第三产业为主。

2.2 相关理论与方法

2.2.1 城市空间结构理论

空间是人类进行社会经济活动的场所。各种经济活动在其进行过程中，形成了对空间的配置。依据不同的原则，各种空间配置和各种规模等级空间相互关联所形成的有机整体组成了空间。城市空间理论对城市的空间结构模式进行了阐述，分别从城市功能的空间组合角度和布局角度入手，对城市空间模式的构成和发展规律进行分析与解释。马克思的《资本论》中说道：商业依赖于城市的发展，而城市的发展也要以商业为条件，这是不言而喻的。从活动的角度来看，城市空间结构的变化带来空间功能效益的增长，从而带来更大规模的商业聚集、商业人流增加、商业效益增加等。从世界城市的空间结构特征来看，中心商业区是城市空间结构中的核心，零售业是中心商业区的主要功能要素。

（1）城市空间的解析理论

城市空间结构形成的内在机制，是城市空间解析的主要内容，也是影响城市空间体系形成的基本动力。

1）"古典经济学"空间结构理论

"古典经济学"的空间结构理论认为设施功能（经济功能）（function）是形成空间体系的基本力量。1826 年出版的《孤立国同农业和国民经济之关系》（作者约翰·冯·杜能（Johan Heinrich von Thunnen），德国农业经济学家）提出农业区位理论的思想并首次对其系统阐述。杜能推演了寻求某特定区位最优的土地使用流程：农场的价值取决于市场距离，地租被影响，进而决定土地经营方式。工业革命带来了机器制造业、交通运输行业的突破性发展，对工业区位理论的影响也十分显著。20 世纪初，以研究运输成本费用为核心的工业区位理论出现了，其先驱者是龙哈德，而集大成者是德国经济学家韦伯（Alfred Weber）。韦伯提出影响工业活动的三个因素，即交通成本、劳力成本和聚集经济。其中交通成本取决于运输距离、运输数量与重量，劳动力成本取决于地方差异，而集聚要素与分散要素影响其他生产成本要素的变化。1933 年，中心地理论由克里斯塔勒（Walter Christaller）提出（见图 2-1），该理论认为通过城市的辐射范围与服务范围来解释城市空间机构，并认为城市的基本职能是为其周围的腹地提供中心性商品和服务。中心地层次存在根据商品销售范围与需求门槛水平两个重要的概念，来决定聚落配置、大小、数量及其相互等级关系的特殊经济地理规律。

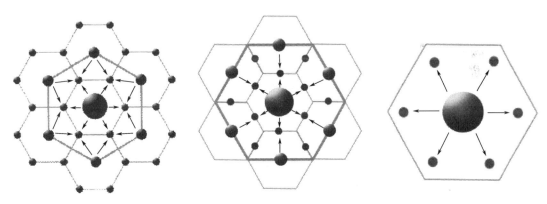

图 2-1　中心地理论图示

资料来源：https：//en. wikipedia. org/wiki/Central_place_theory

2）新古典主义学派

新古典主义学派从最低成本区位的视角，在自由市场经济的理想竞争状态的背景下，基于空间变量，研究区位均衡（Locational equilibrium）过程，来探讨城市空间结构的内在机制。该学派的观点是，构建城市空间结构的基本力量是土地使用及其衍生的基本功能，包括住户或各种机构，城市空间形态发展和演变的影响因素涉及经济行为。

3）行为学派

将空间视为人类彼此交流、相互影响下的空间模式——即肯定了人类活动（主要依靠交通、通信技术）是塑造城市空间结构的基本力量之一。A. Z. Guttenberg[83] 于 1960 年提出了一套城市结构与成长发展理论（the theory of urban structure and urban growth）。Guttenberg 认为"可达性"（accessibility）可以量化城市结构的成长和发展，这个概念可通俗地理解为"社区居民到达目标区域应克服的距离"。他把活动的空间划分为两项设施，即"分散性设施"（distributed facilities）与"非分散性设施"（undistributed facilities）。对于消费场所、社区服务设施等来说，若交通运输能力较低，将导致其分散；反之，则令其倾向于集中。

Guttenberg 认为城市空间结构与可达性密不可分，交通运输功能决定城市成长的命运和方向，可达性同样是商业空间区位选择的重要依据之一。但无论城市空间结构是分散模式还是集中模式，都有相应的商业业态形式与之相适应，但对城市空间结构的影响方式和强度则不尽相同。R. L. Meier[86] 于 1962 年提出城市成长的交通理论（A Communication Theory of Urban Growth）。Meier 提出了城市结构形成的新概念，他认为人与人之间的社交表现为是否能保持相互之间的交通。Meier 同时提出了"城市时间预算"（urban time budget）与"空间预算"（space budget）的概念。他认为通过分析社区居民的空间分配和交通时间数据，可预测城市空间结构的发展方向及其演变模式。随着人们平均工作时间的减少和消费时间的增加，城市交通的功能不再仅限于城市居民的工作需求。

4）结构学派

结构学派认为社会是一个整体，它的结构包括了政治、经济和意识形态这三个层次，其中生产方式是经济层次的表现。结构学派认为，行为学派和新古典主义学派研究的根本错误，在于将个体行为选址作为解析城市空间结构建立的主要层面，而非社会结构体系，资本主义的城市问题是其社会矛盾在空间上的表现[87]；其次，为满足资本再生产的需求，各种资本直接影响城市物质环境的形成；再次，认为社会、经济与政治过程决定城市空间结构，如 D. Harvey（1973）及 Checkoway[88]（1980）认为，城市空间形态的更新速度、规模等变化取决于资本积累及阶级斗争，Henri Lefebvre 认为"空间的生产"就是城市空间组织的表现。

（2）城市空间形态

城市形态（urban form）是聚落地理中非常重要的一项内容。它涵盖了空间形式（urban patterning）、人类行为和土地利用的空间构成、城市景观（urban landscape）的描述和类型学（morphology）分类系统等多个层次的内涵。城市空间形态是城市在漫长的历史发展中所逐渐形成的外部形态、紧密度和破碎性等方面所具有的独特表现，是自然地理环境、历史传统、城市功能定位、政府政策等多方面驱动力共同作用的结果[89]。

对城市空间形态的研究随着时间的推移可以分为四个基本阶段。18 世纪末城市结构的革命性改变引发了多种城市矛盾的出现，直接促进了新古典主义的出现，其主要特征是注重城市形体的改造，提倡建立宏伟的建筑群。19 世纪末，马塔（Mata）的线形城市、霍华德（Howard）的田园城市和戈涅（Garnier）的工业城市理论，都极大地促进了城市空间形态理论的发展。20 世纪 60 年代后，该理论开始关注市民情感的人文化，Boyce 等[90]（1964）从地理学的角度出发明确提出了城市空间形态的定义；Lee 等[91]（1970）学者给出了定量的测度方式；相关的研究方法开始变得更加倾向于数量化与模式化，协同论、系统动力学等理论与方法也逐渐得到应用。80 年代，Lynch[92]（1981）较为系统地总结了当时比较常见的九大城市形态，并分别对其优缺点进行了评价；Batty[93]（1994）通过分型方法研究了城市土地使用的空间结构；进入 90 年代后，新的理论层出不穷，比如大都市带理论、新都市主义概念等，这些理论的出现极大地促进了城市空间形态研究的发展步伐[94]。

（3）城市空间结构增长

城市属于完整的生态系统，其客观发展具有其独特的内在规律。在城市的发展阶段，整个系统的能量和构成不是恒定的，而是不断遭受新要素、新能量、新体制的冲击而不断进行调整。因此，城市空间结构在其变化过程中存在自发性的自组织过程，这是由于城市系统与自然界相似，其内部也存在着生态位势差。在城市形成之初，这种位势差大多来自于地理环境的区别。在未来的发展中，在不同地点通过不同形式来集聚与转移不同的经济要素，会在一定程度上导致这种位势差发生变化。城市空间结构的自律性在本质上是对系统现有平衡的一种破坏，促使其向新的相对平衡的结构转化，从而完成空间的进化。没有自律性，就不能打破原有的平衡关系，空间将止步不前。

城市空间结构在其增长过程中由两个要素干预和驱动：无意的自然发展和有意的人工规划，二者共同作用，促进城市向一个更多元化和多样化的方向发展。人类对于城市发展的制约和驱动早在城市形成之初就已经存在，这种干预行为通常具备主动性和目标性两种主要特征[95]。

2.2.2　商业地理学及零售地理学

（1）经济地理学

经济地理学最初的表现形式被称作商业地理学（commercial geography）：即研究全世界范围内不同商品生产和交易活动的地理现象和规律。研究者起初是对商品地理作全面研究，渐渐专注于特定商品的研究，如石油或煤炭。虽然对影响位置的因素的分析在很大程度上是描述性的，但是它将重点转向了解释商品生产和贸易模式方面所观察到的空间变化。新古典主义经济学解释了经济行为和地点，使商业地理转型成为经济地理。新古典主义经济学研究当有多种不同产品时，如何在不同目的地之间分配稀缺资源。

20 世纪 50、60 年代，经济地理学的研究采用计量方法和模式理论，如对 1973 年的全球石油短缺之类经济危机的研究，采用了来源于地区不平衡或者制造业衰退的政治经济学研究方法。20 世纪 80 年代，研究重点又发生转移，转向对一些原先被看作边缘或主流以外地区新型的、令人称奇的经济增长研究。20 世纪 90 年代，更为包容、灵活的经济地理理论开始出现。什么才是新经济地理学（new economic geography，NEG）成为辩论的主题，经济学家和经济地理学家都参与其中。经济学家主张，从方法而言，新型经济地理学属于经济学。经济地理学家认为经济学家最终承认了空间（地理）的作用，并将这从其学科的边缘挪至经济学理论的主流。在本质上，新经济地理学在解释"经济的"同时也认可"文化的"重要性。有人认为，生活方式、信仰、语言、思想、想象及描述和经济相互作用，产生了经济的文化化，而不是文化的经济化，所以，商品和服务含有文化的特质。

（2）琼斯（K. Jones）和西蒙斯（J. Simmons）的商业区位论

零售业是商业地理学研究的一个相对独立的专题，道森（Dawson，1980）的《零售地理学》在综述前人研究的基础上，提出了零售地理学实证与理论研究的可能性框架，该框架反映了零售业已有的研究状况和发展方向，也反映了区位在研究零售业业态状况中的重要地位。

在零售地理学研究中，琼斯（K. Jones）和西蒙斯（J. Simmons，1987）的经典论著《零售区位论》在探索零售环境的过程中，采取消费需求、消费者行为、零售结构、区位分析等角度。在内部结构方面，主要研究零售业的等级结构、空间结构、人口与交通等要素的影响。而在空间结构上，以零售链的地域规模和区位选择，以及商务区和市中心的零售业为研究内容。同时系统地论证了市场决策、贸易区分析区位选择的战略。

（3）商业地域结构研究

商业地域结构类型是模拟特定地域单元中的商业要素空间，以此描述特定地域单元与整体空间系统的对比关系。国外学者以城市土地利用的空间结构为切入点，形成了城市土地利用三模式，即伯吉斯的同心圆模式、霍伊特（H. Hoyt）的扇形模型和哈里斯（C. D. Harris）与厄尔曼（E. L. Ullman）的多核模型。

伯吉斯将城市内部空间围绕单一核心形成圈层结构，CBD 就位于圈层中心，是零售、办公、俱乐部、旅馆和剧院等高度集中地，是城市商业活动、社会活动、市民活动和城市交通中心。霍伊特于 1939 年对同心圆模式进行了修正，提出土地使用模式更倾向于扇形，因为土地价格和租金的下降趋势是沿着主要交通路线成扇形扩展。该模型虽然把交通因素考虑进来了，但没有对商业和工业用地功能给予充分的关注。1945 年哈里斯和厄尔曼提出的多核模型中假设城市内部的主要经济结构除了核心 CBD 以外，还存在诸多次要的商务商业中心，分散在整个城市体系内，其中中心商业区的交通位置最为优越。

20 世纪 50 年代，美国城市地理学家墨菲·万斯（Murphy Vance）对 CBD 的理论和应用研究作出了非常重要的贡献，他根据城市特点，在土地利用原理的指导下，对美国 9 个城市的 CBD 进行了三维空间的土地利用调查，并提出了定量化概念。

城市经济学家阿隆索（Alonso）提出土地竞租模式，他在经济理性、完全竞争和最优决策等一系列假设条件下，分别分析各种用地类型的竞标地租函数并将其竞标曲线向辉重叠在一起，得到一个城市在自由竞争条件的均衡地租曲线。该理论解释了为什么各种功能的土地利用会围绕 CBD 呈同心圆布局，也成为了城市经济学研究城市空间结构的经典理论。

（4）零售业结构演变理论

零售业结构演变理论是关于零售制度变化的理论，也是零售地理学研究的一部分。零售业结构是指零售业在组织规模、所有权、组织类型和地理范围等方面的构成。这些构成的变化体现了零售业发展的基本趋势。其中包括：

1）麦克奈尔（M. Mcnale，1931，1958）的零售转轮理论

根据他的理论，某种零售形式从产生到淘汰，需要经历三大基本阶段：形成阶段、费用上升阶段和淘汰阶段。该理论的中心思想包括四个基本方面：①零售形式的变迁以成本和市场价格为基础，有发展潜力的零售形式具有低成本和低售价的特点；②运营成本和商品价格的降低使新型组织形式成功占领市场；③新型组织形式成功占领市场后，其经营成本将开始提高；④经营成本的提高将导致其被新的形式所取代。

麦克奈尔的理论出现之后，陆续有很多学者对其科学性进行了检验，发现很多实际案例与这一理论的论述相符合，比较典型的有西方社会的专业店、百货商店等零售形式的发展历程。以上几类零售形式在发展之初都是靠低成本、低利润占领市场份额，之后为了提供更加创新、完善的服务而不得不将价格上涨，以满足成本需求，但由于价格的上升而逐渐没落。也有一些学者对该理论进行了批判，认为该理论最大的缺陷在于将成本和售价作为零售组织发展过程的唯一推动力，将复杂的经济过程看得过于单一。同时他们还列举了很多反面案例，证明很多零售形式的发展历程并不遵守麦克奈尔的理论，比如无人零售机等。还有学者不反对麦克奈尔的理论，但是却指出零售形式根据该理论发展的速度正逐年

减缓，因为这些零售形式在发展的过程中不断对自身进行调整，延长其发展周期。

2）零售手风琴理论

该理论认为零售形式的变迁是零售网点供给的商品组合从宽变窄，然后从窄变宽的一种交替演变的历程。与麦克奈尔的理论类似，该理论也没有解决过于单一的缺点。除此之外，手风琴理论还存在巨大的缺陷，它所认为的导致零售形式变迁的关键因素——商品组合的宽窄，实质上是零售形式变化的一种外部表现，而非其本质的动因。所以，这一理论只适合对零售形式的变迁进行描述，但是不足以对零售形式的变化进行解释和预估。并且该理论对阐述零售形式变化的有效性也存在一定的质疑，因为它对零售形式变化描述的科学性在相当程度上受到描述主体所选取的观察阶段和观察目标所影响。

有学者通过西方零售业的发展历程对手风琴理论进行论证。美国现代零售业最初的形式为普通店，其商品涵盖了衣食住行的方方面面，甚至还包括农具等各种类型的生产工具。之后，随着工业革命的发展，大量人口从农村流向城市，更加专业的百货店应运而生，称为主流的零售形式。与此同时，一些专业性更强的零售店纷纷出现，如邮寄商店、书店、药店等，它们的经营形式都很单一但专业性都很强。20 世纪 50 年代后期，尽管商品组合从宽变窄的进程尚未结束，但是与之相反的趋势，即由宽变窄已经露出苗头，然后快速发展。例如食品行业，从杂货店到超级市场，再发展到综合商店乃至大型超级市场，商品组合日益变宽。

3）零售正反合理论

该理论认为零售主体的结构变化，是不同零售组织与其对立的零售组织间相互适应和兼容的过程，体现了一种"正—反—合"的演进模式。该理论的优势在于能够更清晰的反映出组织形式的多元变化，产生这些变化的原因是零售组织相互作用、长期互补互助而产生的结果。

最初美国的百货商店提供多种类型的服务，例如分期付款、质保服务等，并且为消费者提供了舒适的购物环境和优美的购物空间（正）。其后出现了折扣商店和专卖店形式，前者在商品组合销售上与一般商店区别不大，但是在经营成本方面有所下降，通过低价吸引顾客，其所提供的服务水平较低，购物环境也不如百货商店舒适和优雅（反）。两种零售形式各有所长，在市场发展中不断相互学习和完善，逐渐形成了全新的零售模式，也就是利用促销进行价格竞争、组合各种产品、优化购物环境的综合发展特性（合＝正）。专业店则是百货商店的对立形式（反）。这两种形式在漫长的发展过程中也有部分向对方靠拢，实现自我品牌的完善与过渡（合）。

4）零售生命周期理论

最初来自于产品生命周期理论，在该理论中，零售形式与产品类似，都会经历创新、发展和衰落等基本阶段。这一理论与前文提到的零售转轮理论在本质上非常接近，最大的区别在于后者将零售形式变迁的驱动力归结于成本或价格改变这种简单的因素；而这一理论则不仅考虑了成本和价格，还考虑了很多其他方面的因素。因此该理论更加适合于对零售形式的变迁进行解释。

以西欧地区的购物中心为例，20 世纪 40 年代开始，逐渐从市中心向郊区进行迁移，为了迎合市民向郊区转移的潮流。城市居民的大量转移，导致购物中心也不断郊区化，使市中心原本繁华的购物区的营业份额逐渐下降。又比如原来的百货商店，在很长一段时间内一直建立在闹市区，当它随着时代的变化迁移到市郊时，由于不能很好地解决新环境中所遇到的各种问题，导致其市场份额逐年下滑。

（5）零售业态结构优化的理论

日本的中西正雄教授于1996年提出"技术推动论"[96]，认为技术创新是零售业态的演进和升级的原动力。他用"技术边界线"概念来解释零售服务水平、消费者需求与技术变革之间的关系，即零售服务水平与价格是有着既定组合的，而技术革新可以打破这种组合获得更高层次的组合平衡。这一理论为业态的更新趋势提供了依据，但这个只是定性的模型，缺少对业态结构升级的定量分析。

在中西正雄的"技术推动论"基础上，沈建等[97]（2011）引入"消费者偏好"这一概念，提出了业态价格梯度模型，进一步验证和发展了技术推动论，对零售业服务、价格和成本进行了描述。他认为零售业态的竞争优势关键在于技术革新，以满足消费者的需求与偏好，同时降低管理成本。

近年来出现了一种零售业态演化的新理论"Big Middle"，按照字面意思可理解为"大规模中间市场"。该理论从整体上分析了零售业的结构，对零售业态的形成、演化及趋势进行了说明。"Big Middle"并不是指具体的零售业态，而是在零售市场中兼有较高零售服务水平与较低零售价格的处于中间状态的市场域或空间（Marketspace）。"Big Middle"的构成并不是固定的，而是不断变化的，这种变化主要表现为在"Big Middle"中占主导地位的零售业态在不断改变。因此，"Big Middle"演化与零售业态发展之间存在着一定的关联性。2005年利维[98]（M. Levy）等正式提出"Big Middle"的概念及内涵，根据"服务水平"和"价格水平"将零售市场分为四个区域，其中一个区域就是"Big Middle"（见图2-2），也是绝大多数消费者青睐的区域。

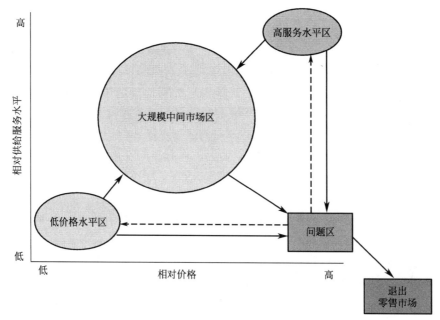

图 2-2　Big Middle 示意图

资料来源：M. Levy，D. Grewal，R. Peterson，B. Connolly. The Concept of the "Big Middle". Journal of Retailing，2005（2）：83-88.

2.2.3　消费心理学及消费行为学

（1）消费心理学

虽然心理与行为在范围上有一定的区别，但两者都涵盖思想与作为两个方面，所以两者又是密不可分的。消费者首先会有消费的需要，随即根据需要产生了购买的兴趣，这是任何一次消费行为发生的基础。而消费者消费商品前的基础，在于对商品信息的认知、对商品特性的了解以及对商品本身形成一定的好感。

1）消费动机

消费动机是消费者选定并购买某一产品或服务时最为直接的驱动力。消费者进行消费时最基本、最常见的驱动力，属于基本动机；消费过程中促使人们下定决心并付诸行动的最重要、最直接的驱动力，属于主导动力。基本动力形成于绝大多数消费行为中，具体还可以将其细分为实用型动机、方便型动机、美感动机等不同的形式。主导动机则是消费行为中最直接的推动力，并不像前者那样常见，通常要结合产品或服务的类型及其特征才能对这种动机进行正确的研究。

在消费动机转变为实际行为的过程中，有些动机可以促成一项消费行为，有些则可以促成多项消费行为的实施，有些动机则需要其他动机的配合才能促成某一消费行为的实现，所以消费的动机和实际行为之间并非严格地一一对应。比如一个人感到饥饿，为了缓解生理上的难受感，所导致的消费行为是购买食物。在上述情境中，动机和行为之间是一一对应的。但是对于绝大多数消费过程来说，其动机和实际的行为之间是多重关系。比如某个人喜欢听音乐，将购买高品质的音响设备，比如高保真音箱。为了使音箱正常工作，还需要购买配套的一些设备，比如银质的输电线、专业的插线板、特殊构造的电子器件等。这些配套器件虽然价格不高，但是也促进了一个庞大的音响配套产品行业的形成。上述情境就属于一个消费动机引发多项实际的消费行为，两者之间是一对多的关系。同样的，一些消费行为可能引发更多的消费动机，比如买食物吃饭之后感到口渴，将产生买水的消费动机。

2）消费者决策

消费动机向实际的行为转变，并确定要购买的心理活动即为消费决策。上述过程持续的时间长短不一，通常与消费者使用该商品的紧急性、购买原因、经济能力、对产品或服务的喜爱程度等因素有关。

① 消费者的卷入理论

20 世纪 60 年代，美国的经济学领域出现了"消费者卷入"的定义，即消费者对商品的感知、消费活动、消费环境等和自我之间的关联。主管方面对以上因素的认同越深刻，则消费者对这个商品的卷入水平越高，对应称其为"高卷入"，反之则为"低卷入"。消费者的卷入过程可以看作是其进行消费决策时的心理活动，对于消费者对商品的感受、认同具有重要作用，并最终促成了消费者的态度和行为。所以，对这种卷入现象进行研究，能够在一定程度上映射出消费者对于商品的感知和认同感。上述原理也可以反向推导，即从消费者的感知和认同感，反推出其对于某一商品的卷入强度。

② 边际效用理论

边际效用理论产生于欧洲，目前已经广泛运用于消费者决策及其行为研究过程之中。

这一理论的中心内容为：人们在进行消费的过程中，其根本目的是获得商品所能够创造的满意度；随着购买数量的提高，消费者所能获得的满意度总量也随之提高；但是与此同时，消费者购买单位商品所能获得的满意度却在下降。当消费者的满意度发生边际效用下降时，消费者将开始对这一商品产生厌倦，不自觉地去探寻新的、能够更让人满意的商品。随着生活水平的提高，以前有很多东西能给人满意感，但现在已经逐渐被人们习惯了，同样是这些商品，现在只能带给人们较低的满意感，而不满意的程度在增加；同时消费者又在不断产生新的消费需要，人们对文化消费、旅游消费、家庭生活的方便型消费等方面提出了新的要求，这些新的需要不能得到满足的话，不满情绪必然出现。

③ 认知决策学说

该学说是从认知的层面出发，对消费者的决策行为进行研究和分析，着重讨论消费行为内外部因素的整体性，而非简单地从某一因素出发对其决策行为进行分析。消费者接触到某一商品的信息或数据后，需要经历直觉选择的过程才能成功获得关注，而且消费者自身的性格、素养、观念、经济水平等销售者不可能施加控制的因素对于信息的选择性接受具有非常重要的影响，信息本身的内容、构成、传播途径等销售者能够进行有效控制的因素同样具有关键性的影响。消费者接受信息后，还需要对其进行分析、处理和记忆，并产生对应的态度，同时与其自身的行为原则、社会规范等因素共同作用，形成最终的消费决策，作出买或不买该商品的决定。

（2）消费者行为学

消费行为（consumer behavior）是人们在获取、消费以及处置产品和服务时所采取的活动。消费者行为学也可以被定义为一个关于消费者活动的研究领域。

1）消费者行为涉及的三种主要活动

获取，导致购买或接收产品的活动。其中涉及搜寻有关产品的特色和选择的信息，评估可供选择的产品或品牌以及购买等活动。

消费，消费者在什么时间、什么地点、用什么方法和在什么情况下使用产品。

处置，消费者如何处理产品和包装。

2）消费者行为的演变过程

供应链（supply chain）涉及每个参与决定消费者能够买什么的组织，即所有参与产品的最初设计到最终消费的组织，这些组织通常包括制造商、批发商、零售商和消费者。美国的制造业出现在19世纪中期，并在其国内战争期间得以繁荣发展，在19世纪末期到20世纪后期，制造业在供应链中的影响力得以提升，制造商主导生产什么产品来供应消费者购买。第二次世界大战后，影响力又发生转移，零售商开始主导供应链，因为他们是生产和消费之间的必要联系。在21世纪，影响力再次发生转移，这在某种程度上可以说是由消费者及其行为信息的数量和质量引起的。

20世纪20年代，开始出现了消费者行为的研究。随着竞争的加剧，广告公司作为重要的机构出现了。在20世纪30年代，心理学方面的知识被学习理论家约翰·华生（John B. Watson）加入到了广告实践中。到20世纪40～50年代，贝茨（Bates）广告公司根据这一原理，运用"独特卖点"（USP）的概念来描述选择产品利益的重要性，而且通过不断地重复这一概念来使消费者将独特的产品利益和特定的品牌联系起来。

20世纪50年代，美国和加拿大结束了物资匮乏的岁月，大部分西欧国家是在20世纪

60、70 年代结束，进而开创了营销时代（marketing orientation）。这一时期生产力远远大于需求，消费行为从销售导向转变为营销导向。此时行为科学占据了中心舞台，并向创新的营销组织提供了一系列的理论和方法，其中包括：动机研究（motivation research），弗洛伊德从心理分析理论出发，通过访谈的形式以发现隐藏的动机；实证主义（positivism），利用严密的实验方法来发现一般化的解释和规律，其目的有两个，一是理解并预测消费行为，二是发现政府宣传和教育的因果关系；后现代主义（postmodernism），是实证主义的一种补充方法，在研究目的和方法上与实证主义不同的是，后现代主义利用定性法或者其他方法来了解消费者行为。

营销导向（marketing orientation）所关注的是组织如何适应消费者，消费者导向（consumer orientation）则把其关注点扩展到在需求链中的所有组织如何适应消费者的生活方式和行为的变化。一些企业的成功归功于其全面的消费者导向，他们把产品设计、物流、生产和零售等整合成为消费者导向性的需求链。另外，全面的消费者导向认为是消费者构建了社会的许多方面，如政府、社会活动和其他生活领域等。

2.2.4　统计分析理论

统计分析理论是用数据说话的科学研究和生产实践的支持工具，通常包括数据获取和数据分析等内容。

（1）数据获取

数据获取主要是通过政府职能部门、统计机构等收集政府文件和统计资料，通过互联网或问卷调查等方法收集数据资料。通常情况下，研究者通过文献法、访问法、问卷调查法、抽样调查和典型调查法对研究目标的资料进行收集，获取有关专业信息（如城市、商业网点、居民信息、消费者购物选择行为等）。文献法是检索国内外相关论文、著作以及研究课题，同时检索国内外最新研究动态，还包括查阅统计年鉴、城市发展报告、规划文本、城市路网分布图、商业数据等，从中提取部分图表、商业网点数据和其他基础资料后，汇集整理。访问法即走访政府管理部门，如市政府、规划局、商务局等，对相关管理人员、规划设计人员进行访谈；选取部分零售商业企业，实地走访收集可公开的基础资料；拜访专家学者，听询专家观点。问卷调查法是通过在网络上投放问卷调查，收集城市居民去往不同业态类型的商业网点购物的概率。抽样调查和典型调查法是从实施的角度出发，调查与分析研究区域中具有代表性的个体与要素，以确保研究资料的可信度和客观性。

（2）数据分析

分析数据是直接的运用环节，可以从数据分析中获得有意义的结论，也可以针对假设结论进行数据验证。分析数据的方法很多，包括采用均值或特征值等方法描述数据的整体特征，采用数据拟合等方法发现数据的变化趋势。本书就直接使用了回归分析方法。

回归分析是探究一系列变量之间相互关联的方法。回归分析有很多种方式，主要用于分析一个因变量与一个或多个自变量之间的相关关系。具体来说，回归分析可以帮助研究者理解并量化指定自变量变化时因变量的改变情况。回归分析中标定参数的方法有很多，主流方法有最小二乘法与最大似然法等[99]。

通常，回归分析是在给定自变量取值的情况下，用于估计条件期望，即自变量确定后因变量的平均值。但是在某些情况下，回归分析也用于在给定自变量的情况下，估计因变量条件分布的其他特征参数。回归分析的前提是给定一个自变量与因变量之间的关联关系，这个关联关系也称为回归方程。根据回归方程的种类，又分为线性回归与非线性回归两大类。回归分析多用于趋势预测、时间序列分析以及量化变量间的因果关系等方面。例如，探究城市经济增长与市民购物出行频次之间的关系。

在回归分析前，需要假定回归的数据样本符合回归模型的基本假设，通常需要符合以下几种假设：方差齐性、变量无系统性误差、变量服从多元正态分布、变量间相互独立、模型完整、误差独立且均服从均值为零的随机分布[100]。

大量统计软件的诞生让回归分析变得简单，包括 Matlab、SPSS 和 Stata 在内的许多统计分析软件都可以帮助使用者利用各种模型拟合自变量与因变量之间的关系。常见的回归模型包括：线性回归模型，对数回归模型，指数回归模型以及 Logistic 回归模型等。

2.2.5　分类与聚类分析理论

分类是认识、区分、理解客观对象的过程[101]。

分类通常是在特定的准则下，将对象划分至不同的类别。从某种意义上说，分类展示了主观与客观之间的联系。比如，新建一个商业网点时，按照投资者对市场需求的理解，选择其业态为"商业街"、"超市"、"购物中心"或"专业大卖场"，是关于业态属性的分类；选择其区位为哪一个商业中心，是关于区位属性的分类。对象分类方法包括一般分类方法，决策树和人工神经网络等机器学习分类方法，以及线性回归和 Logistic 回归分类等方法。

聚类分析将相似度较高的对象划分为同一团簇，将一系列对象划分为若干团簇，保证每个团簇内不同对象的相似度高于分属不同团簇对象的相似度[102]。聚类分析中的相似度可以按照多种指标来描述，比如距离指标。距离包括欧氏距离、马氏距离、布洛克距离、明可夫斯基距离、余弦距离和汉明距离等，基于距离的相似度包括最短路长、最长路长、加权平均距离、质心距离、最小方差等。有很多运行效率高、划分精度高的聚类方法，包括 K-means 方法、Expectation-maximization 方法和 OPTICS 方法等。

值得注意的是，尽管分类与聚类都是将目标数据划分为不同类别的过程，但是两者之间存在显著差异。简单地说，分类是按照某种标准先给对象贴上标签，再根据标签来归类；而聚类之前并没有标签，是通过某种集聚分析找出相似对象的过程。结合使用分类与聚类可以更有效地了解对象之间的潜在关联关系。

第3章 长沙城市发展与零售商业发展概况

长沙是中西部重要的省会城市，是全国两型社会建设综合配套改革的核心试验区，在城市空间结构、城市发展水平、商业发展等方面具有自身的特点。

3.1 城市发展概况

3.1.1 城市化进程

自 20 世纪以来，长沙进入快速城市化时期，作为中西部重要的省会城市，其城镇化率在几个主要中西部省会城市中处于中上水平（见表 3-1）。据世界银行对全世界 133 个国家的统计资料表明：人均 GDP 低于 300 美元的低收入国家，其城市化率仅为 20%；当人均 GDP 由 700 美元增至 1000 美元和 1500 美元时，城市化进程加速，城市化水平将达到 40% 至 60%；而当城市化水平达到 70% 以后，城市化发展的速度又将趋于平缓。因此可将长沙的城市化进程大致分为四个阶段。

2015 年长沙与其他城市城镇化率比较 表 3-1

城市	长沙	西安	武汉	成都	郑州	南昌	贵阳
总人口（万人）	743.18	870.56	1060.77	1465.8	956.9	520.38	462.18
城镇化率（%）	74.38	72.6	—	71.47	69.7	71.56	73.25

资料来源：根据各城市国民经济和社会发展统计公报整理，"—"为没有数据。

第一阶段是新中国成立至改革开放前（1949～1977 年）。这一时期的主要特征是人口城市化，是城市化的起步阶段，称为准城市化阶段，但由于政治因素的影响，使得经济发展严重失衡，因此城市化与工业化大多处于迂回曲折状态。1949 年长沙的城市化水平为12.4%（见表 3-2），至 1977 年达到 19%，28 年间仅增长了 6.6 个百分点。

长沙城市化发展情况 表 3-2

年份	1949 年	1977 年	1978 年	2002 年	2012 年	2015 年
城市化率（城镇化率）/%	12.40	19.00	20.70	46.20	69.38	74.38

资料来源：根据历年长沙市国民经济和社会发展统计公报整理。

第二阶段自改革开放至 20 世纪初期（1978～2001 年）。这一时期随着改革开放政策的推进，人口与经济的城市化都有很大提升，城市化进入快速发展阶段。1978 年全市城市化率仅为 20.7%，2001 年增至 44.7%，年均增长 1.04%。2001 年全市人均 GDP 达到13149 元，合 1588 美元，此时的长沙具备了快速城市化的经济基础。

第三阶段自 2002～2012 年，长沙的城市化进程进入加速发展阶段，城市化率由 2002年的 46.2% 增加为 2012 年的 69.38%，年均增长率为 2.3%。

第四阶段自 2013 年至今，2013 年长沙的城市化发展水平已经突破 70％。从 2013～2015 年的城镇化率增长速度来看，城市化发展的速度已经趋缓，年均增长率为 1.89％，较第三阶段有所下降。

2002 年长沙城乡居民收入差距比为 2.67：1，2012 年收入差距缩小至 2.01：1，至 2014 年进一步缩小至 1.7：1。从消费总量来看，2002 年长沙市的城乡人口比为 1：1.99，城乡居民的人均消费支出比为 2.64：1。到 2014 年，长沙市的城乡人口比为 1：1.62，城乡居民的人均消费支出比为 2.04：1，按家庭人均生活消费水平计算，2014 年城镇居民全年人均支出是农村居民的 1.53 倍。数据显示，农村居民的收入水平在不断上升，与城市居民消费支出的差距也在逐渐减小，其消费需求日渐增加。同时，城市人口不断增长，城市居民的消费比重在全市仍然高于农村居民，生活消费需求无疑是巨大的。在短时间内，长沙城市商业空间的发展仍然以城市中心区的市级商业中心为主。但目前城市边缘的区域级商业中心已开始大规模发展，商业空间向城市边缘扩散并重新聚集成新的商业中心，速度和规模均超过了市级商业中心。随着城市化进程不断加快，城市人口数量不断增加且城市居民是主要消费力，加上农村居民的消费能力也日渐增长，这意味着，巨大的生活消费需求将进一步推动商业空间重构与扩张。

3.1.2 产业结构与经济

"十二五"期间，全市经济保持稳定增长，呈现稳中有进、稳中向好的良好形势，经济增速高于全国和全省水平，在省会城市中位于前列，综合经济实力显著增强。2011～2015 年间，全市生产总值累计 35507 亿元，相当于"十一五"期间的 2.18 倍，从 2011 年的 5619.33 亿元增至 2015 年的 8510.13 亿元；人均生产总值由 2010 年的 66443 元增加到 2015 年的 115443 元，五年人均水平净增 4.9 万元，扣除价格因素，实际年均增长 10.3％。产业结构升级趋势明显。在 2011～2015 年经济增量结构中，在工业面临下行压力、增速减缓的情况下，第三产业成为稳定增长的重要支撑，第二、三产业增加值年均增长为 13.1％和 11.3％，两者增速差距由"十一五"期间的 4.1 个百分点缩小到 1.8 个百分点。从经济总量变化的结构来看，三次产业的比例关系由 2011 年的 4.3：56.1：39.6 调整为 2015 年的 4：54.2：41.8，二、三产业是拉动经济增长的主要力量，产业结构不断优化（见图 3-1 和图 3-2）。2011 年长沙的 GDP 在全国 35 个城市中位居第 15 位，与第 14 位沈阳尚有 295.57 亿元差距。到 2014 年，长沙 GDP 以 7824.81 亿元位居全国 35 个城市中的第 12 位，排名上涨了 3 位。

"十二五"期间，长沙的商贸业仍然是最具活力的优势产业，社会消费品零售总额由 2011 年的 2215.34 亿元增至 2014 年的 3293.55 亿元，年平均增长 14.5％。消费品市场呈现企业规模化和品牌化、门店个性化、实体经济与互联网融合的发展趋势，进一步推动长沙消费品市场的发展。在全国 35 个城市中，长沙社会消费品零售总额由 2011 年的第 13 位上升至 2014 年的第 12 位，在中部地区省会城市中，排名仅次于武汉（见图 3-3 和表 3-3）。

从图 3-3 和表 3-3 中可以看出，在我国中部主要省会城市中，长沙的社会消费品零售总额与批发零售贸易业零售额位居前列，超过了大部分中部省会城市，排位仅次于武汉和成都。2014 年长沙的城市居民恩格尔系数低于 0.30，仅高于郑州。根据联合国粮农组织提出的标准，恩格尔系数由食物支出金额在总支出金额中所占的比重来最后决定，高于

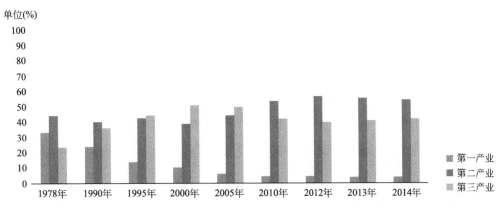

图 3-1　1978~2014 年长沙一、二、三产业比例变化
资料来源：根据历年长沙市国民经济和社会发展统计公报整理。

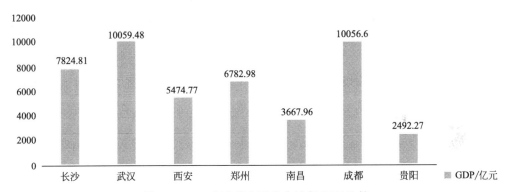

图 3-2　2014 年中部主要省会城市 GDP 比较
资料来源：根据各城市国民经济和社会发展统计公报整理。

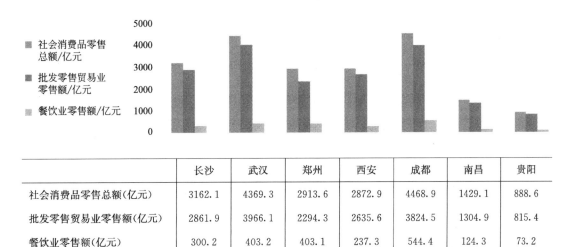

	长沙	武汉	郑州	西安	成都	南昌	贵阳
社会消费品零售总额(亿元)	3162.1	4369.3	2913.6	2872.9	4468.9	1429.1	888.6
批发零售贸易业零售额(亿元)	2861.9	3966.1	2294.3	2635.6	3824.5	1304.9	815.4
餐饮业零售额(亿元)	300.2	403.2	403.1	237.3	544.4	124.3	73.2

图 3-3　2014 年中部主要省会城市社会消费品零售额情况比较
资料来源：根据各城市国民经济和社会发展统计公报、统计年鉴整理。

2014 年中部主要省会城市社会消费品市场情况比较　　　　　表 3-3

	长沙	武汉	郑州	西安	成都	南昌	贵阳
社会消费品零售总额（%）	100	100	100	100	100	100	100
批发零售贸易业所占比例（%）	90.5	90.8	78.7	91.7	87.8	91.3	91.8
餐饮业零售额所占比例（%）	9.5	9.2	13.8	8.3	12.2	8.7	8.2
城市居民恩格尔系数（%）	26.4	31.7	23.8	32.3	34.8	31.7	35.0

资料来源：根据各城市国民经济和社会发展统计公报、统计年鉴整理。

0.59 的为贫困，0.50～0.59 为温饱，0.40～0.50 为小康，0.30～0.40 为富裕，在 0.30 以下的是最富裕，说明长沙的城市经济发展良好，城市居民的生活水平已经达到最富裕的阶段，其消费重心已经向衣着、家用等个性化转移。

2014 年，长沙市城市居民的可支配收入达 36826 元，城市居民人均消费性支出达 26779 元，较上一年增长了 9.4% 和 19.8%，居中部主要省会城市中的首位。2014 年长沙市在岗职工年平均工资为 61848 元，较 2013 年增长了 5467 元，增长了 9.7%，自 2011 年至 2014 年，年平均增长速度达 11.3%。2014 年长沙市城乡居民储蓄存款达 3898.85 亿元，比上年增长 11.2%。在全国 35 个城市中，长沙城镇居民可支配收入排名第 11 位，城市居民消费性支出列第 9 位，城乡居民储蓄存款余额位于第 18。长沙的人民生活水平已达到中上水平，领先于中西部同类型的城市（见图 3-3 和表 3-4）。

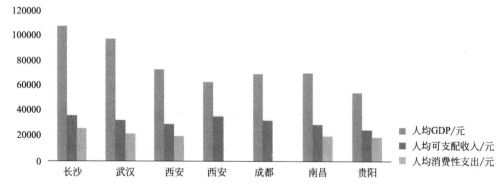

图 3-4　2014 年长沙与中部主要省会城市的居民收入及消费等情况比较

资料来源：根据 2014 年各城市国民经济和社会发展统计公报、统计年鉴整理。

2014 年全国主要城市人均可支配收入排名比较　　　　　表 3-4

	长沙	武汉	郑州	西安	成都	南昌	贵阳
名次	11	15	22	12	16	23	32

资料来源：2015 长沙统计年鉴。

从图 3-2、图 3-3 和图 3-4 中可以看出，在中部主要省会城市中，长沙的 GDP 和社会消费品零售总额虽低于武汉和成都，但人均 GDP 以及反映城市居民生活质量和消费能力的人均可支配收入与人均消费性支出均高于其他中部主要城市，恩格尔系数略高于郑州。这说明长沙市的人文环境和经济基础良好，有利于零售业设施的发展。

2017 年，促进长沙市经济发展的有利条件主要有四点。一是将围绕中心城市拉开发展骨架，拓展城市发展腹地，规划建设卫星城镇，进一步疏解、拓展城市功能，加上现代物流服务功能的提升、生态环境保护的加强、城市规划水平的提升等战略性措施，将会稳定投资需求的增长速度。二是进一步深化产业结构的调整，提升企业的创新活力，推动经济的转型升级，实现服务业与第二产业占 GDP 比重基本持平。三是将加强对外贸易，积极对接"一带一路"的发展战略，大力发展加工贸易、转口贸易和新型贸易业态，推动跨境电商平台试点，推进服务贸易集聚化、专业化、品牌化发展。四是积极发挥投资的关键性作用和基础性作用，不断提升投资质量，推进消费结构升级，需求结构不断优化。2011年至 2015 年，消费与投资的协调性有所提高，经济的外向度有所提升。从投资看，服务业仍然占投资的主导地位，占全市投资比重的 64.8%，其中民间投资成为主体，占全市投资比重的 68.7%；从消费看，个性化和多样化的消费成为主流，互联网相关消费成为新的消费热点。2017 年进一步放开领域、降低门槛，促进民间投资，建立合理的投资回报机制、公共服务价格调整机制。

3.1.3　城市空间结构与城市形态

自楚汉至明清时期，长沙的经济主要依赖纺织业、药材、南食、商品零售批发等。由于湘江的水运条件便利，长沙自古以来就是全省的航运枢纽，经湘江与武汉相连，所以沿湘江一带一直是重要的通商口岸。因此，依托湘江沿线航运，长沙的对外联系与经济得以发展，其城市空间结构与形态也沿湘江以带状结构发展（见图 3-5～图 3-8）。

图 3-5　楚城范围　　图 3-6　汉城范围　　图 3-7　唐城范围　　图 3-8　明清城范围

资料来源：叶强. 聚集与扩散——大型综合购物中心与城市空间结构演变. 湖南大学出版社，2007。

19 世纪末 20 世纪初，长沙近代城市经济的发展在戊戌维新运动以及清末新政的热潮中开始起步，铁路和公路开始发展，经济结构和社会结构发生了较大的转变。虽然市区面积有所扩张，但因为湘江、古城墙以及铁路的限制，其城市空间结构与形态较古代而言并无太大差异（见图 3-9 和图 3-10）。

1981 年的主城区由于铁路和湘江，仍然被限制在旧城区的空间内。虽然建设了新火车站并将京广线外迁，整个城市的结构向东扩展，但由于当时仍处于"文革"后期的计划经济时代，城市基础设施的发展以及城市空间结构和形态都没有很大的改变。2014 年修订版的《长沙市城市总体规划（2003—2020）》确定的城市空间布局依然以旧城区为核心，与东西新建城区结合，拓展城市发展空间，构筑"一轴两带多中心、一主两次五组团"的城市空间结构，即沿湘江发展的湘江综合服务轴，北部与南部两条综合发展带，城市主中心与岳麓、星马副中心，北部的高星、金霞组团，东部空港、黄黎组团，以及南部暮云组团（图 3-11）。规划形成以五一广场为核心的市级商业中心，岳麓、星马两个次中心和若干个组团级商业中心。

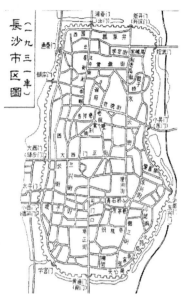

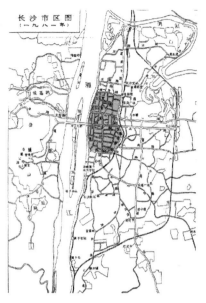

图 3-9   1931 年长沙市区图   图 3-10   1981 年长沙市区图

资料来源：周翰陶等.古城长沙，湖南美术出版社，1983.

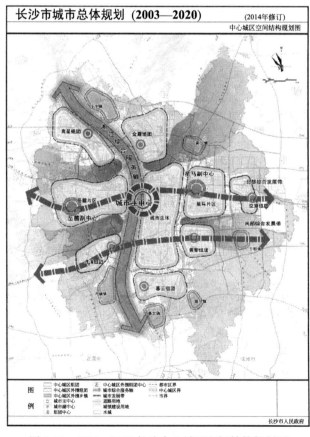

图 3-11   2003～2020 长沙中心城区空间结构规划图

资料来源：长沙城市总体规划（2003—2020）（2014 年修订）。

3.1.4　城市交通

城市交通的发展对于城市商业网点的布局具有很大的影响，主要体现在路网建设、机动车保有量的增长状况、机动车行驶速度、公共汽车的增长状况和地铁的建设进程等方面。下面分四个方面展示长沙城区的交通发展状况。

（1）路网建设与机动车增长

路网密度与机动车数量是交通供给与需求两个侧面。根据《长沙市交通状况年度报告》数据，2008 年至 2015 年长沙城区路网密度（快速路＋主干路＋次干路）和机动车保有量的变化情况如表 3-5 所示。

2008～2015 年长沙城区路网密度和机动车保有量的变化情况　　　　表 3-5

时间	市区建成区面积（km²）	机动车保有量（万辆）	路网密度（km/km²）
2008	180.00	34.90	3.00
2009	190.00	43.26	3.12
2010	272.00	53.80	2.55
2011	276.90	61.40	2.79
2012	282.46	69.06	2.87
2013	287.52	75.25	2.97
2014	294.39	89.89	3.00
2015	312.30	106.88	2.98

资料来源：《长沙市交通状况年度报告》。

从表 3-5 中可以看出：近十几年来长沙城区交通需求增长速度远高于交通供给的增长速度，供需矛盾日益突出。图 3-12 直观地展示了 2008 年至 2015 年机动车保有量的变化趋势。

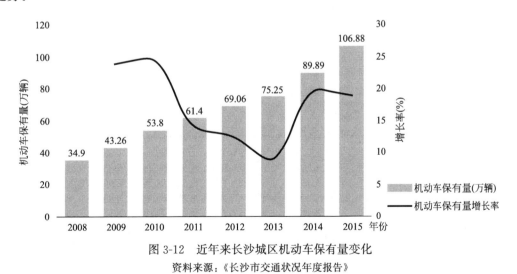

图 3-12　近年来长沙城区机动车保有量变化

资料来源：《长沙市交通状况年度报告》

从图 3-12 可以看出，近年来长沙城区机动车增长速度较快，尤其是在 2009 年和 2010 年时，增长率接近 25％。说明随着人民生产生活水平的提高，机动车逐渐普及，长沙城区的交通需求不断增大，出行机动化程度随之上升。机动车保有量的大幅提高将影响居民购物出行的方式选择，更加倾向于使用私家车出行，而不是非机动方式出行。

（2）长沙城区平均车速变化

晚高峰是长沙城区道路一天中最为拥堵的时段，同时也是小时流量最高的时段（约占全天交通量的 6%～8%），因此晚高峰平均车速是城市交通运行状况的主要评价指标。长沙城区机动车主要运行区域位于二环内，因此对于车辆的平均车速的测量主要集中于二环内中心城区。

湘江作为流经长沙市的最大河流，将长沙城区分为东城区与西城区两大区域，在这两大区域内，晚高峰平均车速分别如表 3-6 所示。

2010～2015 年长沙东西城区晚高峰平均车速 表 3-6

年份	东城区晚高峰平均车速(km/h)	西城区晚高峰平均车速(km/h)
2010	16.0	33.0
2011	14.0	32.0
2012	15.7	28.0
2013	18.5	26.2
2014	18.9	26.5
2015	18.4	25.0

资料来源：《长沙市交通状况年度报告》。

由表 3-6 可以看出，随着时间推移，东城区平均车速具有小幅上升，后期稳定在 18km/h 以上。西城区平均车速下降明显，但西城区的平均道路时速一直高于东城区。由于东城区发展较早，道路通行能力已基本达到饱和，导致东城区平均车速相对较低。另外，由于交通管理与交通组织等优化措施成效明显，近年来的平均车速反而具有上升的趋势。近年来西城区出行车辆快速增长，道路能力趋于饱和，平均车速明显下降。当然，西城区的道路交通负荷比东城区更轻一些。

（3）常规公交发展

截至 2015 年年底，长沙城区常规公交车辆数提高至 5512 辆，市区公交车数量达到十年来最高。常规公交的大幅发展，不仅方便了居民的购物出行，还降低了居民的购物出行成本。

从图 3-13 可以看出，长沙市在最近 5 年来公交车数量增速加快，根据《长沙市城市综合交通体系规划（2010—2020）》，至 2020 年年底，长沙市常规公交分担率期望达到 25%。通过增加常规公交车辆数，可以提高交通运载能力，提高市民出行公交分担率，减少环境污染，有利于市民便捷高效地进行购物、娱乐或通勤出行。

（4）轨道交通发展

近年来，长沙城区交通基础设施的最大变化是开通了两条地铁线路：2013 年 12 月 30 日长沙地铁 2 号线进行试运行，2014 年 04 月 29 日长沙地铁 2 号线正式投入运营；2016 年 3 月 21 日长沙地铁 1 号线试运行，2016 年 6 月 28 日正式投入运营。轨道交通的开通，极大地改变了长沙市的出行结构，提高了居民搭乘公共交通出行的意愿。

由于我们更关注 2015 年及其之前的交通状况，下面着重介绍地铁 2 号线在 2015 年的

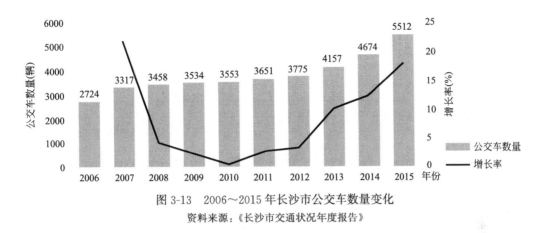

图 3-13　2006～2015 年长沙市公交车数量变化

资料来源：《长沙市交通状况年度报告》

运行情况。2015 年地铁 2 号线全年客运量 8407 万人次，日均客运量 23.0 万人次，客流强度为 0.86 万人次/km。全年客运高峰月出现在 10 月，当月客流量达到了 860.0 万人次，其中 10 月 1 日客流运量达 38.53 万人次，比年平均客运量高 58.6％。10 月 1 日当天进出客流最大的站为五一广场站，进站客流 57743 人次，出站客流 64937 人次。

地铁 2 号线运营时间为 6：30～22：30，实行一人一票制，起步价为 2 元/6 公里，超过 6 公里采用"递远递减"的计价原则，6～16 公里范围内每递增 5 公里加 1 元，16～30 公里范围内每递增 7 公里加 1 元。而且，截至 2015 年 4 月，长沙地铁的准点率保持在 98.5％以上，根据《长沙市轨道交通 2 号线乘客满意度调查统计分析报告》，地铁乘客满意度约为 83.78％。可以预见，随着长沙市轨道交通继续保持稳定而高效的运输水平，相对于使用机动车出行，长沙市民将更加青睐非常安全且准点率更高的轨道交通方式前往商业中心。

3.2　商业发展历史概况

3.2.1　古代长沙商业状况

长沙的商业源远流长，商品经济的雏形可追溯到春秋战国时期。当时湖南属于楚国境内，根据《史记》记载，长沙已经成为楚国的重要粮食产地。楚怀王时，齐国的使者以"长沙，楚之粟也"之称游说越王。随着农产品交换的成熟，商业开始成为独立的行业。楚国重视商业，并且鼓励与各地发展贸易，而长沙是南楚重镇，更是商贸重点地区。根据史料证实，当时的长沙已经将货币作为交易媒介进行流通，这是长沙商业发展的重要标志。在 1987～1988 年长沙五一广场的地下商场工地中，发现 16 座古井，其中 4 座属于战国时期，这与当时的商品交易有着密切的关系。《管子》曰："处商必就市井。"说明随着城市的兴起与人口的聚居，长沙城市的商品市场已经初步形成。

到了汉代，秦在湖南开凿了灵渠，促进了湖南与南越各国的贸易往来。汉初长沙国与越国等频繁进行商品交换，汉武帝接纳了"农商并重"论，在全国推行"盐铁专卖"、"平准"等政策，使得民间商业和官营商业大力发展。在这种背景下，湖南的商业兴起并发展，与各地商业往来增加。到了东汉，长沙的商业更加趋向繁荣，加上交通发达，长沙已经成为北至江淮、南通南越的水运中转站，与丹阳（今安徽当涂）、会稽（今浙江绍兴）、豫章（今江西南昌）和吴（今江苏苏州）并列成为当时江南五大商业中心。

魏晋南北朝时期，长沙的贸易发展很快。这时出现了很多集市，商人需要在集市中租赁摊位，而摊主向市吏缴纳"地儆钱"。据考古资料分析，当时"地儆钱"的征收与拖欠有明文规定，说明此时长沙集市的贸易已经具有相当的规模。三国时，长沙的大米已开始外销。至六朝时，长沙地区的粮食产量快速增长，大量外调，成为全国重要的粮食生产区与供应区。这一时期长沙的商业发展进入了一个新的阶段。

大批外调长沙地区的粮食始于隋唐时期，在唐代，长沙已经成为了我国南方农副产品的重要集散中心与交换中心，沿湘江一带形成了许多集市，杜甫有"茅斋定王城郭门，药物楚老渔商市，市北肩舆每联袂，郭南抱瓮亦隐几"的诗句，说的就是长沙发达的集市。这是长沙城市商品经济发展的明显标志，此时长沙已经初步成为了一座商业城市。

宋朝长沙仍然是南方著名的米市、茶市，粮食产量居全国前列，这就为长沙城市商业的发展提供了物质基础。由于长沙茶叶研制精致，加之交通的拓展与经济发展，大批两浙、闽、广一带的商人涌入湖南贩卖茶、盐、米等，扩大了长沙的商业规模。元代长沙城的商贸仍然不断发展，与全国各地的联系日益密切，元代诗人陈孚的《咏潭州》中便有"百万人家簇绮罗，丛祠无数舞婆娑"的诗句，反映了当时长沙市井的繁华状况。

明代的长沙商业经历了又一次大发展，长沙成为江南地区的重要商埠。由于交通条件的便利，使商品流通量与交易量迅速增长，米市与茶市依然是长沙商品交换的主要市场。除此之外，特产与手工业品的贸易也很繁荣，这些在明崇祯的《长沙府志》（风俗卷）中有记载："民物丰盈，百货鳞集，商贾并联，亦繁盛矣。"明末清初，长沙地区的自然经济逐渐向商品经济转变，突出表现为农产品的商品化趋势。至清代中叶，长沙的商品市场已十分繁盛，通过长期的经营，涌现出许多名老商号，如"吴大茂针号"、"九芝堂药号"等至今仍在经营，并且有着自身独特风格。

3.2.2 开埠后长沙商业形势

1904 年 7 月，长沙正式开埠，随后外商蜂拥而至。洋商最初只在西门外沿江一带进行商业活动，其后蔓延至整个西城区，逐渐形成大规模的新商业街区——西城洋行贸易区，使长沙形成了"华洋杂处"的局面。开埠打破了自给自足的自然经济，将长沙带入了国际商品市场，外国货品大量涌入，本土商品也不断向外流出，大规模的商品交换与流通刺激了长沙商品经济和资本主义经济的发展。

开埠后，商品市场空前繁华，长沙近代商业的经营方式和经营范围也发生了翻天覆地的变化。以往的商业形式主要是前店后场、自产自销、家庭经营以及工商兼有，而近代出现了专营店、商行、百货、批发与零售的分工以及代销、包销、推销等多样化的经销形式。

长沙的开埠，使长沙的农副产品输出量和工业品的输入量激增，直接影响了进出口贸易额。据海关的统计，开埠当年，长沙的进口与出口贸易值分别为 220.3 万关平两和 64.1 万关平两，至民国 2 年（公元 1913 年）长沙进出口总值是开埠当年的近 10 倍（表 3-7）。1913 年日本农商省委托员太田世外雄在其调查报告中称："长沙为湖南省商业中心，复为消费焦点，凡外国输入品，多先卸于此。然后销散于他市镇。"● 至 1919 年，长沙海关进口商品总额达到了开埠以来的最高值，成为了进口洋货最多的一年。

1904～1913 年长沙进出口贸易值

表 3-7

年度	进出口总值/万关平两	进口值/万关平两	出口值/万关平两
1904	284.4	220.3	64.1
1905	589.6	427.4	162.2
1906	529.2	399.8	129.4
1907	729.2	500.3	228.9
1908	924.0	530.6	393.4
1909	1055.8	566.7	489.1
1910	1309.0	697.4	611.6
1911	1769.1	812.0	957.1
1912	2203.8	1166.7	1037.1
1913	2372.0	1500.0	872.0

资料来源：李玉.长沙的近代化启动.长沙：湖南教育出版社，2000。

此后经过北伐战争与湖南农民运动，长沙人民反帝情绪浓烈，洋货进口数量锐减。政府指派实业司司长唐承绪负责监建了"湖南模范劝业工场"，也是现在国货陈列馆的前身，里面设置了上百商店，但只经营国货。当时形成了"农产品不出口，外贸进口亦减"的局面，导致长沙的经济迅速衰落，商业凋敝。直到 1931 年时局稍稳，长沙的商贸状况才逐渐回升。至 1935 年，长沙的商业、餐饮服务业队伍已迅速壮大，成为我国当时重要的消费城市之一。

抗战爆发后，长沙的外来人口数量陡增，商业市场开始繁荣。大量客商云集长沙，长沙的商贸活动盛极一时，成了当时经济从湖南向西南地区辐射的主要据点之一。1938 年"文夕"大火使长沙商业受到重创，损失惨重，大量工商业者流离失所。特别是长沙沦陷后，商贸再度受挫。直至抗战胜利后，逃离外地的工商业者陆续返乡复业，同时美国的商品也趁势而入，长沙商贸开始复苏。后因全面内战，商业一度处于经营困难的状态。

1949 年长沙和平解放，工商业又开始积极复业。据资料统计，到 1950 年，在册登记的私营商业共 7770 户，从业人员达 3 万多人，占当时长沙人口的近 1/10，这反映了此时长沙商贸业的繁盛。与此同时，国民政府在长沙的 14 家官僚资本企业被长沙市人民政府接收并改组为国营商业公司，逐步占领了长沙市的商业批发市场。据资料记载，长沙解放前夕，商业资本是工业资本的近 4 倍，可见长沙基本上是一个商业消费城市。

20 世纪 90 年代后期，长沙的商业组织形式开始多样化，出现连锁化、集团化、专业化、代理化等形式。随着人民生活水平的提高，消费形式也趋向多元化、高档化、国际化和信息化。当时已有多家国外的零售商在长沙进行前期开发，且欲将其中国总部设置于此，这说明长沙已经具备了良好的商贸环境。

● 长沙商贸史纲（二）.［2003-01-09］http：//www. changsha. cn/publish/gb/content/2003-01/09/content _ 208179. htm.

从近代至现代，长沙屡遭战乱，但长沙商贸却一直相对繁荣与稳定，其原因主要有四点：一是长沙在中南地区处于有利的地理位置，并且拥有便利的交通；二是农产品贸易业与手工业一直以来都有着传统的历史；三是长沙的历届政府鼓励民间商业的发展；四是长沙民众的购买力强、消费水平高。

3.2.3 加入 WTO 后长沙商业的发展

1998 年，日资"平和堂商贸大厦"落户长沙五一广场，开创了长沙市引进外资的先河。平和堂内除了售卖服装、珠宝等物品外，还有餐饮、超市等多种零售形式。开业当天的营业额竟超过了 300 万元，赢得了良好的经济效益与社会效益。同时它也带来了先进的经营管理理念、现代化的营销方式以及科学的管理模式。

2001 年末中国正式加入世界贸易组织，这给长沙的零售商业带来了新的机遇。其中影响最大的是外资的进入，促进了长沙的零售领域的扩大与现代化发展。如法国的家乐福、美国的沃尔玛、德国的麦德龙等，纷纷进驻长沙，抢占市场。外资企业带来了一系列崭新的业态形式，比如大型综合超市和仓储型超市，集餐饮、文化娱乐、商业零售为一体的购物中心等，使长沙民众耳目一新，刺激了大众消费。可见长沙的市场具有一定的创新性与超前性。

但随着大量外资企业涌入长沙，也给本土企业带来了前所未有的挑战。原本"国字号"的本土商业间的价格战、商业战、广告战的模式转变成了与外国资本的服务战、规模战、特色战、管理战，也是不同地域、不同文化背景、不同经济成分、不同业态、不同行业间立体交叉的商业大决战。面对外资企业雄厚的资本实力、丰富的经营经验以及专业化的科学管理，本土商业并没有不堪一击，而是积极整合资源和重组结构，形成了四大商业集团，其中友谊阿波罗集团跻身中国 500 强企业中。

2014 年长沙的社会零售品消费总额在全国 35 个城市中排名第 12 位，可见长沙拥有超越其城市规模的旺盛消费力，也是这股强大的作用力推动着长沙商业的繁荣。

3.3 现代零售商业发展概况

3.3.1 零售商业空间的形成

（1）城市商业中心的形成

1）城市中心商业区

通过多年的变化与发展，长沙的中心商业区已形成了以五一广场为核心，东塘、袁家岭、火车站、溁湾镇商业中心围绕其发展的区域，其他商业空间属于区域性的商业区。20世纪 80 年代以前，五一广场商圈几乎是长沙城市空间中唯一的商业中心，随着中山、友谊、阿波罗、东塘、晓园的崛起，形成了"五虎"斗长沙的局面。进入 20 世纪 90 年代，五一文、科文、湖南商厦相继出现，使昔日"五虎"主宰商界的局面改变成为"五虎二龙一雄狮"的竞争格局，削弱了五一广场商圈的中心商业区地位。到 20 世纪 90 年代末，外资"平和堂"进驻五一广场商圈，其大型综合购物中心的形式给五一广场注入了新的活力，全面更新了五一广场商圈的业态形式。在以五一广场商圈近 3 公里的范围内，相继云集了平和堂商贸大厦、王府井百货、金满地地下商业街、黄兴南路步行商业街、中山商业大厦、春天百货、沃尔玛等多个商业点和多种业态，其规模和密度超过了当时长沙的任何一处商业中心，恢复了以往商业核心区的地位。随着本土零售企业的整合与营业布局的调整，东塘、火车站商圈的业态类型开始走向多样化，虽然五一广场商圈仍保持其中心地位，但其中心地位在逐渐减弱。

2）区域中心商业区

东部马王堆逐渐发展成新的以专业化家居建材零售为主的商业中心，高桥则发展成综合化的专业大卖场。北部形成以原有的伍家岭和四方面商圈为主要的商业空间，同时伴随着湘江世纪城、北辰三角洲等一些商品住宅的兴建，向北扩展成了规模化、多种业态类型的商业空间。西部从溁湾镇商业副中心向西延伸，形成以专业大卖场为主要业态类型的新的商业中心。南部受省政府办公空间南迁和长株潭一体化的影响，加之雨花亭区聚集了沃尔玛、华银等大型综合超市。北部也形成了红星、大托等区域性商业区。

（2）城市商业活动带

1）城市中心区商业活动带

2000 年以前，长沙的零售商业主要围绕五一广场形成活动带，如连接五一广场的五一路；五一广场以北的中山路、北正街；五一广场以东和以南方向的蔡锷路、黄兴路、韶山路沿线（见图 3-14）。2000 年以后，城市中心区进行了大面积的提质改造及五一路改扩建工程，使区域内的商业活动带重新分布，传统商业带的地位受到了影响，而城市中心区的外围区域逐步形成了新的商业带（见图 3-14）。

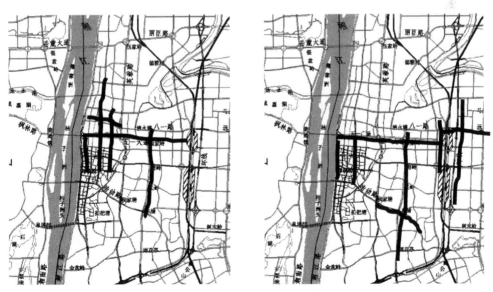

图 3-14 2000 年前后长沙城市中心区商业活动带分布

资料来源：叶强. 聚集与扩散——大型综合购物中心与城市空间结构演变. 湖南大学出版社，2007。

从图 3-14 可以看出，长沙城市中心商业活动带的发展有如下特点：

传统商业活动带的空间逐渐在扩散，构成了新的带状聚集的商业空间。在扩散的同时，一部分传统商业活动带的商业氛围在减弱，还有一部分因旧城改造、道路拓宽等原因使其发展减缓或者已经消亡。例如五一路在改扩建前只有 40 米，黄兴北路和黄兴南路上的商铺连接紧凑，形成了一条完整的商业街，商业气氛良好。但五一路扩建后，打破了原有的商业空间尺度，切断了黄兴路商业街的完整性。虽然黄兴南路改造成了一条商业步行街，但大规模的拆迁、改造和兴建使成本升高，步行街内店铺租金昂贵，致使一部分老字商号被拆迁出来后无法回到新的商业步行街中，造成了商业品牌的流失；同时，黄兴北路的商业氛围急剧下降，附近的中山路百货大楼曾一度停业，商业集聚力减弱，中山路、蔡锷路上也没有产生新的业态类型，原有的一些零售建材外迁也使其商业特点消失。太平街和北正街是长沙有名的商业街，其中太平街保护较好，依托五一商圈形成了有特色的太平老街商业街，吸引了大量外地游客，而北正街没有得到很好的保护，在黄兴路的改扩建过程中已经消失。

传统商业带中的业态类型主要是百货店、小型专业店和专卖店，业态规模小且相互之间关联度低，业态类型的重复度也较大。而新商业活动带主要由大型购物中心的发展所产生的集聚效应带动形成，业态形式虽然也有重复但颇具创新，并且相互间关联度较高，相互弥补。

2）城市边缘区商业活动带

长沙的城市边缘区商业活动带主要是以家居建材、汽车销售、饮食服务等专业化的商业区构成，原有的以分散底层商铺租售形式的业态被整合起来演变成现在的大型购物中心、大型综合超市和专业大卖场。业态的更新换代更加适应了现代城市居民的生活方式和消费习惯。目前，随着省政府南迁、长株潭一体化建设以及河西新城的建设，商业带正向城市的西部和南部扩散发展。

（3）专业化市场的发展

随着零售商业不断吸引消费者聚集，同时现代消费者习惯休闲购物，经常在夜间逛商场，加之购物时间的延长，这种消费方式带动了商业中心周边的专业化市场的发展。由于长沙的文化娱乐业繁盛，在城市中的商圈附近逐渐出现酒吧、KTV等门店，进而发展成以清吧、演艺吧为主题的酒吧一条街，如五一广场附近的化龙池酒吧一条街，就是商业空间中夜间经济的发展与延续的结果。

3.3.2 零售商业发展梗概

（1）零售商业整体空间结构

根据长沙的零售商业发展状况，其整体空间结构的演变大致可以分为四个阶段。

第一阶段是1986年以前。当时长沙的商业区以五一广场为核心，城市商业功能均集中于广场周边，企业、生产场地、居民区等交叉混合，表现为生产型城市特色。此时的零售商业空间结构为单核心模式。

第二阶段从1986年至1998年。当时长沙百货大楼、华侨商场、阿波罗商场、东塘百货大楼、晓园百货实力相当。商业"五虎"竞争格局逐渐形成，而且在相互竞争中，逐渐形成以五一广场、袁家岭、东塘为代表的三大商业中心。商业中心的形成与长沙原有的商业区域产生了突出的规模效应，促进了城市商业经济的发展。但是当时商业活动与专业化市场的发展空间较为封闭，主要集中在城区以内，主要业态形式为百货商店，以货架商品销售为主，而且这些企业都属于国企。商业主体以集体所有制和部分私有为主，利用开架经营方式开展销售活动。虽然在规模上不具备优势，但是在经营形式、营业服务、商品种类上却已经形成了自身特色，再加上中山路、五一路等商业干道与长沙商业中心相连接，形成了较为突出的交通优势。良好的区域交通构建有助于建立良好的商业空间结构，但是在这一阶段的发展中，受经济发展制约因素影响，尚未形成具有规模优势的零售业态，在商业空间上以"点与线"布局模式展开，这也是该阶段商业空间分布的主要特点。

第三个阶段从 1998 年至 2005 年。这个阶段长沙的零售行业有着翻天覆地的变化，中心城区兴建了大量零售商业点，同时也开始带动了城市周边零售业的发展。1998 年，平和堂商厦落户五一广场，这是长沙第一家综合性合资商厦，同时也是长沙市第一个综合购物中心。商厦建有地下车库和高端写字楼，经营高档百货，超市以开架形式为消费者提供服务。商厦开业后日营业额超百万，对长沙零售商业空间结构的变化造成了极大冲击。对于长沙商界来说，为了应对严峻的市场挑战，行业整合势在必行。曾经是竞争对手的阿波罗、友谊商店、湖南商厦和中山集团联手进行整合，改制为友谊阿波罗集团，实现了集团化经营。东塘百货通过资本运作，成为涵盖百货销售、酒店接待、房地产等多种业态的上市公司。当时中国面临加入世贸组织的大转折，长沙零售产业结构因此发生巨变，零售业态更为多元化，所有制形式也在不断更新。尤其是国际连锁零售品牌沃尔玛、麦德龙等大型集团进驻之后，促进了大规模零售业态的形成，一些购物中心、商业街规模不断扩大，综合服务能力不断增强，市场影响作用逐步增加，影响着长沙城市商业空间结构的变化，同时也加速了城市空间的改变。随着长沙城市化步伐的加速，城市周边相继建立起家居、建材等规模型市场，逐渐形成城市商业核心、商业带、专业经营区域逐步辐射的商业空间。

第四阶段从 2005 年至今。这一时期长沙继续出现了大量的新商业空间，主要包括购物中心、商业街、专业大卖场和大型综合超市，但其区位分布具有明显的郊区化特征。长沙大型发展项目以高新区、城市边缘等高地为集中点，逐渐体现成离心化特质。长沙市的零售商业拓展格局以从中心化向郊区化方向发展为定位。城市中心区的零售商业空间主要以满足城市居民日常生活需求的大型综合超市和购物中心为主。由于城市中心区域的用地限制及昂贵地租，城市中心区的零售商业空间的规模已经趋近饱和，但城市边缘区还有很大的开发空间，因此其零售商业空间规模逐渐扩大，并涵盖了多种业态形式。新增加的商业网点数量正呈现从城市中心向周边扩散的趋势，城市零售商业空间新一轮重构的现象十分明显。

（2）零售商业空间布局

从传统商业中心的形成过程来看，长沙零售商业空间的发展与交通是息息相关的，起初主要分布于城市中心地带，靠近湘江，运输便利。随着城市的经济发展与区域扩展，城市主次干道随之延伸，城市零售商业空间沿城市干道布局趋势明显，呈现了首先向城市中心聚集，进而向外扩散形成在新的空间位置重新集聚的过程。

（3）零售商业规模

1）市级商业中心的零售商业规模变化

五一广场商业中心是历史悠久的传统商业中心，也是长沙唯一的市级商业中心，处于长沙市的中心地段，西连湘江一桥直通河西，东沿五一大道直达长沙火车站。在长沙市的第一轮商业发展时期，五一广场商业中心是发展最快的区域，大量企业都看上了这里的区位优势，纷纷进驻五一广场，一时间这里汇集了大量商业设施，商业规模迅速扩张。2005年以后，市级商业中心的零售商业规模虽然仍在增加，但增量明显减少，从 2010 年到

2015 年间，五一广场商业中心的零售商业规模趋近于饱和，基本上没有变化。

2）区域级商业中心的零售商业规模变化

在长沙的第一轮业态发展中，区域级商业中心的零售商业规模增长远低于市级商业中心。但作为城市中商业服务网络的中心环节，区域级商业中心成为了市级商业中心的后援，在市级商业中心规模不能大量增长的时候，区域级商业中心体现了其物流便利以及地广的优势，零售商业规模的增速超过了市级商业中心。零售商业的规模呈现由市级向区域级扩散的状态，市级商业中心与区域级商业中心在规模上的级差也在减小。

（4）零售商业业态

根据《零售业态分类》（GB/T18106—2004）中的商业业态形式分类，以下仅分析商场面积在 5000m² 以上的百货商店、购物中心、大型综合超市、仓储型会员超市和商业街五种业态形式的演变情况。

1）百货商店

2000 年以前，长沙市的零售商业业态主要为百货商店，当时的"五虎"皆为百货商店。随着人们的生活水平不断提高，消费需求也在不断上升，消费者更希望在同一间商场里除了能够提供服饰、鞋类、化妆品等商品外，还能够在此饮食或娱乐，而传统的百货商店只经营服饰、鞋类、箱包、化妆品等传统用品，并没有餐饮、娱乐等场所，这就亟待业态的更新与转型。

经过了 1986～1998 年发展至衰落的第二阶段后，百货商店在长沙市的零售业中所占的份额越来越少。自 1998 年平和堂商贸大厦进驻以来，全新的零售业态形式对传统的百货商店造成了冲击，面对着行业挑战，本土企业开始了一些积极动作。2000 年后，友谊商店与阿波罗商场合并成为友阿集团，将原有的资源进行整合，开始逐渐引进新的经营类型，发展新零售业态形式。同时，利用本土品牌优势及已有门店的区位，将经营定位进一步确定在主题消费与高档商品上，这样既发挥了以往百货商店的长处，又增添了新的零售业态形式，如引入大型综合超市。在百货商店中引入大型综合超市是长沙零售业态演变中较为成功的模式。1998 年以前，长沙市的老百姓都是隔着柜台购物，买生鲜都是在街头或者菜市场讨价还价。而平和堂引入了长沙的第一家大型综合超市，在当时引起了很大的轰动，一度成为整个平和堂人气、利润的主要支撑，也同时为商场带来了巨大的人流效应。

百货商店与大型综合超市的组合方式，覆盖了更广泛的消费层面。到 2005 年，百货商店与大型综合超市组合的商场占当时兴建商场（不包括单一的大型综合超市）的 56%。相比而言，其他不包含大型综合超市的商场经营效益差强人意，尽管也处于五一商圈和东塘商圈内，也不乏因亏损而倒闭的，有的则改成了以儿童、运动等主题的百货商店。可见百货商店与大型综合超市的组合是满足当时消费需求的业态形式之一。

至 2010 年，长沙市内传统的百货商店已经从 2000 年的 6 家减至 1 家，其余已从传统百货商店转型成了购物中心或者其他业态形式。

2）购物中心

伴随着平和堂商贸大厦的进驻，长沙出现了第一家购物中心，并且呈现大型化和综合化的趋势。平和堂的单体面积超过了 100000m²，其中零售商业部分超过了 50000m²。这种新的业态形式一出现便广受消费者的青睐，这样包含了百货、餐饮、超市等多种经营类型的业态形式大大增加了城市居民购物的便捷度和舒适度，消费者可以在同一地点享受多种服务。其中，餐饮是购物中心中最火爆的经营类型，平和堂是长沙第一家将餐饮功能设置在商场内的购物中心，并取得了非常好的业绩。此后兴建的购物中心几乎将餐饮作为了标配，同时还拥有肯德基、麦当劳等快餐店，老的购物中心也纷纷在商场内引进餐饮功能。

2000 年长沙市只拥有 1 家购物中心，而到 2005 年，全市的购物中心数量增至 29 家，到 2015 年继续增至 48 家，目前仍有正在建设中的购物中心，其继续增加的趋势明显。

3）大型综合超市

自 1998 年，平和堂商贸大厦引进第一家大型综合超市以来，长沙市从 2005 年拥有 5000m² 以上的区域级或社区级大型综合超市 17 家到 2015 年的 43 家，总面积从 206700m² 增至 448700m²，人均拥有面积从 0.09m²/人升至 0.15m²/人，十年间人均面积增长近 1 倍。大型综合超市因其琳琅满目的生活品更贴近消费者的日常生活，且一站式购物形式方便快捷，有些消费者甚至一天之内会要进出超市好几次，所以大型综合超市是市场需求量较大的业态形式。

4）大型仓储型会员超市

麦德龙是最先进驻长沙的仓储型会员超市，一开始是严格按照会员制，顾客必须凭身份证与工作单位注册会员后，方可进入卖场选购商品。但大家普遍认为注册程序繁琐，不愿意麻烦，宁愿不进入卖场，所以这种方式限制了很大一部分消费者，使麦德龙最初的业绩并不理想。随后麦德龙调整了卖场只允许会员出入的政策，改为非会员也能进入卖场，但在结账时需出示会员卡或提供会员卡号，这样就放宽了选购资格。卖场种类繁多的进口商品及其过硬的质量吸引了很多消费者，短期内麦德龙的营业额迅速攀升。

不久后，长沙市的另一家大型仓储型会员超市——普尔玛斯特开张营业，但由于其过于严苛的会员制度和自身经营不善，卖场不久就以关闭收场，只剩下麦德龙一家独霸仓储型会员超市的市场。目前，麦德龙已经在长沙河西开设了第二家分店，至 2015 年，长沙市的仓储型会员超市仅麦德龙的两家卖场。但对于大多数消费者而言，麦德龙的仓储型功能并没有很好发挥，消费者只把它当作普通的大型综合超市使用。

5）商业街

在新业态形式在长沙发展起来之前，长沙的商业业态形式只有百货商店这一种，业态单一。2000 年以前，长沙没有出现商业街。到 2005 年，长沙市出现了以服饰、美食、通信器材、娱乐等为主题的 8 条商业街，其中以服饰为主题的商业街就有 4 条，占了整体的一半。至 2010 年，商业街的数量达到 21 条，新增的商业街主打创意旗号，不仅仅停留在以服饰为商品的状态，更增加了古玩、小商品（如日常塑料制品）、汽配、古街等特色主题，使商业街吸引了很多外地旅客，大大增加了城市的商业活跃度。但到 2015 年，城区内商业街的数量基本上没有变化，与 2010 年持平。

6）专业大卖场

据数据统计，在 2000 年以前，长沙市没有专业大卖场这一业态，销售专业制造品的零售商店都以小规模店铺的形式零星分散于城市中。中国加入世界贸易组织以后，进口商业制品极大地丰富了长沙的零售市场，以往的小规模店铺逐渐被组织起来，集中于某一区域经营。例如高桥专业大市场，用地面积 1000 余亩，由酒水食品、酒店用品、服饰家纺等八个大型专业市场组成。至 2005 年，长沙市的专业大卖场达到 53 处，到 2015 年，长沙市内专业大卖场总计 64 处。由于专业大卖场的物流吞吐量较大，所以多分布于城郊结合处，涉及电子产品、汽车配件、农副产品、家居建材、日用品等。

　　长沙与国内多数大城市尤其是中西部大城市相比，在城市化进程、产业结构与经济发展、城市空间结构与城市形态、城市交通方面有共性也有其自身的特点。长沙商业自古繁荣，是南方农副产品的重要集散中心与交换中心；近代长沙的商业市场依然繁荣，商业组织形式开始多样化，出现连锁化、集团化、专业化、代理化等形式；现代零售商业的发展大致分为 4 个阶段：第 1 阶段是 1986 年以前，以五一广场为商业中心，形成单核心的商业空间结构；第 2 阶段是 1986～1998 年，逐渐形成以五一广场、袁家岭、东塘为代表的三大商业中心，在商业空间上以"点与线"布局模式展开；第 3 阶段是 1996～2005 年，大批国际连锁零售商进入长沙，城市周边相继建立起家居、建材等规模型市场，逐渐形成城市商业核心、商业带、专业经营区域逐步辐射的商业空间；第 4 个阶段是 2005 年至今，零售商业空间规模逐渐扩大，并涵盖了多种业态形式，新增加的商业网点数量正呈现离心化的特征，城市零售商业空间新一轮重构的现象十分明显。

第4章 商业空间结构演变分析数据调查与数据处理

城市大型零售商业空间结构演变分析所需要的最基本的数据是商业网点、人口和住宅数据。为了分析各商业网点的合理需求规模，还需要以多种出行方式由居住区至商业网点的购物出行时间，由此估计平均购物出行时间。由于时序分析的需要，还需要各个目标年度的相关数据。

4.1 商业空间结构演变分析的数据需求

对于城市商业空间结构的研究，可以同时考虑供给和需求两个方面，城市零售商业网点的规模与布局构成供给侧，消费者的数量和位置构成需求侧，消费者到零售商业网点的购物出行构成需求与供给之间的链接。

表现供给侧的需求数据是各商业网点的业态属性、规模和空间位置；表现需求侧的需求数据是消费者的数量和位置，即各街道的常住人口（数量）分布，而常住人口的未来分布与住宅（套数）分布直接相关。所以，最直接的调查内容是商业网点、人口和住宅数据。

我们选择 2000 年、2005 年、2010 年和 2015 年进行时序分析，由于这 4 个目标年度长达 15 年，不论是街道的人口或住宅规模与分布，还是商业网点规模与分布都发生了很大的变化。希望从时序分析的角度，分别基于各街道常住人口规模、各街道住宅规模，研究长沙城区的商业网点规模与分布的发展演变，揭示长沙城区各街道与商业空间结构演变的互动效果，所以我们需要对 4 个目标年度的商业网点、人口和住宅数据展开调查。

在分析每一个商业网点到底需要多大的规模时，我们借助于哈夫模型求解各商业网点的需求规模。

美国加利福尼亚大学的哈夫教授（David L. Huff）于 1963 年提出了消费者对城区各商业网点的选择模型，也称为哈夫概率模型[103]。哈夫教授认为：消费者对商业网点的心理认同是影响消费者选择该商业网点的根本原因。其中，这种心理认同包括两个方面的内容，其一是商业网点的规模，其二是消费者达到商业网点的出行时间。一般而言，消费者更愿意到规模较大、出行时间较少的商业网点购物。

哈夫模型的一项重要参数是出行时间，这是各街道至各商业网点的出行时间。简便起见，以街道的地理中心作为该街道出发节点，以商业网点的地理中心作为该网点的到达节点。购物出行时间就是这两类节点之间的出行时间。

一些文献为了简化出行时间的获取方法，直接采用两点之间的直线距离和某个理想化的出行速度来计算，并假设城市是匀质的，出行方式是单一的。事实上，当我们面临搭乘地铁购物出行、周边网点步行购物等出行方式选择时，这些假设显然存在太多的瑕疵。

中国的城市有别于欧美等土地富足国家的城市，人口居住相对密集。购物出行方式不仅限于小汽车，还包括步行、骑行和公共交通。将这4种方式的购物出行时间加权平均，才能获得哈夫模型所需要的购物出行时间。

当然，获得各种购物出行方式的出行时间是困难的，这种困难体现在很多方面，比如，前些年的各种购物出行方式的出行时间数据资料严重缺失，对4种方式的购物出行时间加权平均时，如何确定加权系数？为了获得较为翔实的分析结果，将为出行时间调查与估计付出大量辛苦的工作。

4.2 商业网点、人口和住宅等数据调查

由于研究范围为长沙城城区内适当超出二环的区域，我们从中选择了181个商业网点和53个街道，各零售商业网点和街道位置如图4-1所示，其中红色节点表示商业网点，黑色节点表示街道中心。根据哈夫模型运用要点中提及的相关参数，逐项介绍数据调查途经与调查结果如下。

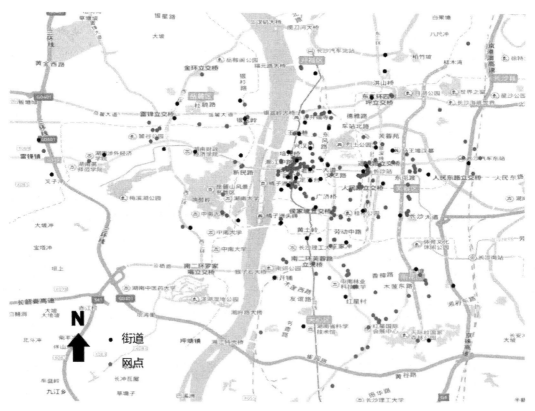

图4-1 商业网点和街道分布图

（1）零售商业网点

2000年和2005年研究区内实际的商业网点规模与地点位置数据是研究团队前期收集的。我们通过实地调研和网络搜索，补充了2010年和2015年的商业网点规模和地点位置，并调查了商业网点的业态属性，业态属性包括大型综合超市、购物中心、商业街、专业大卖场和百货店等5种业态。截止到2015年底，由于研究区内的仓储型超市只有两家，

且其功能与大型综合超市无异，所以合并到大型综合超市中统计。各商业网点的规模、位置和业态类型调查表结构及部分示例数据见附录 B。

（2）街道人口数

由于全国人口普查每十年才做一次，所以 2000 年与 2010 年分街道人口数据即为人口普查数据，这些资料从长沙市统计局获得。对于 2005 年和 2015 年的人口数据，我们首先从 2006 年和 2016 年的《长沙年鉴》获得长沙市雨花区、天心区、芙蓉区、岳麓区和开福区的人口数量，将每一个区的人口数量分配到该区的各个街道。其分配方法是按照该区中各街道的面积比例进行分配的，于是获得了 2005 年和 2015 年各街道的人口估计数。在长沙市 5 个区的 59 个街道中，还剔除了远郊的 6 个街道，最后选择了 53 个街道进行研究。各街道面积、人口数和位置调查表见附录 C。

（3）街道住宅套数

通过"长沙楼市网"查询到 2000～2005 年、2005～2010 年、2010～2015 年三个时间段内研究区各街道新增楼盘的住宅套数，长沙市不动产中心还提供了 2000 年研究区内已有住宅总套数（555730 套）。由于无法获得进一步详细数据，我们根据 2000 年各街道的人口数量，将 2000 年的总套数（555730 套）按人口数量比例分摊到各个街道，以分配结果作为 2000 年各街道住宅套数。在 2000 年各街道住宅套数的基础上，结合此后每 5 年各街道的住宅套数增量，便分别获得了 2005 年、2010 年、2015 年各街道的住宅套数。各街道面积、住宅套数和位置调查表见附录 D。

（4）消费者业态选择调查

通过百度 MTC 移动云测试中心投放调查问卷，只分为超市、购物中心、商业街、专业大卖场 4 种业态类型。根据回收的有效问卷统计，消费者购物出行的业态选择比例分别为超市：62.16%，购物中心：25.68%，商业街：6.3%，专业大卖场：5.86%。

4.3　购物出行时间的数据调查

购物出行调查目的：生成 2000 年、2005 年、2010 年和 2015 年从各街道到各商业网点之间多种购物出行方式的平均出行时间。我们希望通过调查和估计，获得 2000 年、2005 年、2010 年和 2015 年从各街道到各商业网点之间的步行、骑行、小汽车和公共交通等 4 种出行方式的最短出行时间，并按照它们在不同出行距离的分担率加权平均获得平均出行时间。

由于历年来大量交通数据的缺失，基于有限的统计资料和网络资源，制订步行、骑行、小汽车和公共交通等 4 种方式的出行时间调查与估计方法如下：

利用百度地图，查询统计当前步行、骑行、小汽车和公共交通等 4 种出行方式的出行时间，选择上午或下午的非高峰时段查询，作为全天购物出行的平均时间。对于步行和骑行，由于出行路径长度和平均速度基本保持不变，利用百度地图查询到的出行时间就是各年度的购物出行时间（步行时间的查询，仅限于步行距离为 5km 以内）。对于小汽车和公共交通，在百度地图查询到的出行时间的基础上，利用查询统计期间的平均速度与估计年份平均速度的比例值，折算出估计年份的出行时间。

值得注意的是，长沙市地铁 2 号线于 2014 年开通、地铁 1 号线于 2016 年开通，在利用百度地图查询公共交通出行时间时，一方面要注意排除地铁 1 号线（保留地铁 2 号线），供 2015 年使用；另一方面要注意同时排除地铁 1 号线和 2 号线，供 2000 年、2005 年和 2010 年使用。

我们利用百度地图查询，其表格结构见附录 E。在附录 E 中，若公共交通出行时间小于公共汽车出行时间（此时的公共交通必然包含了地铁段），则记录最后 3 项，包括地铁 2 号线出行的相关数据（排除地铁 1 号线）。最后 3 项数据一方面用于支撑 2015 年公共交通出行时间，另一方面根据地铁旅行速度和公共汽车平均速度，将地铁段旅行时间转换为公共汽车出行时间，与目标年度的最小公共汽车出行时间比较，再确定是否用于更新目标年度最小公共汽车出行时间。

2017 年 3 月查询获得步行、骑行、小汽车和公共交通等 4 种出行方式的出行时间，调查表结构及示例数据见附录 E。数据内容举例如下：

居住区：解放路街道

商业网点：清水塘文化艺术市场（百度地址为清水塘路 164 号）。

出行时间：

步行：30min；骑行：10min；小汽车：14min；公共汽车：31min

出行里程：

小汽车：3.3km；公共汽车：4.9km

又如：

居住区：解放路街道

商业网点：友谊商店（原友谊阿波罗，百度地址为五一大道 368 号）。

出行时间：

步行：34min；骑行：11min；小汽车：15min；公共汽车：27min

公共交通：26min，其中，地铁：6min

出行里程：

小汽车：3.8km；公共汽车：3.0km；公共交通：3.6km

4.4　多方式购物出行时间估计

对于步行和骑行两种出行方式，由于步行和骑行两种出行方式的速度变化不大，可以近似地认为附录 E 就是各个目标年度的出行时间（以望城坡街道为例）。

对于小汽车和公共汽车两种出行方式，由于不同年度的道路通行能力存在差异，拥挤程度存在差异，所以不能简单地认为这就是目标年度的出行时间。但我们可以通过对比查询期与目标年度的小汽车和公共汽车的平均速度的比值，将附录 E 中出行时间转化为目标年度的出行时间，转化公式如下：

$$T_{目标年度} = T_{查询期}(v_{目标年度}/v_{查询期}) \tag{式 4-1}$$

在我们能够查询到的资料中，极少发现长沙城区小汽车和公共汽车的年均平均速度的记载。但 2006 年至 2015 年的《长沙市交通状况年度报告》中，列举了这些年度的城区小汽车和公共汽车的晚高峰平均速度。我们改用查询期与目标年度的小汽车和公共汽车的晚高峰平均速度的比例替代平均速度的比例。

关于查询期小汽车和公共汽车晚高峰的平均速度，我们选择长沙城区二环内 10 条主要道路上小汽车和公共汽车双向晚高峰平均速度的均值作为长沙城区晚高峰平均速度，分别为 18.3km/h 和 13.3km/h。

关于目标年度小汽车和公共汽车晚高峰的平均速度，由于《长沙市交通状况年度报告》始于 2006 年，仍然缺乏 2000 年至 2005 年的交通数据。为了估计这个时段的晚高峰平均速度，我们结合 2001 年至 2016 年的《北京市交通发展年度报告》中的市区主干道平均速度（北京市缺乏的 2000 年的交通数据由 2001 年替代），分别估计 2000 年和 2005 年长沙市城区小汽车和公共汽车的晚高峰平均速度。估计方法如下：

对于任意目标年度（2000 年和 2005 年），以北京市市区 2010 年至 2015 年的主干道平均速度 $v^{北京}_{2010\sim2015}$ 与目标年度的主干道平均速度 $v^{北京}_{目标年度}$ 的比值，以及长沙市城区 2010 年至 2015 年的晚高峰平均速度 $v^{长沙}_{2010\sim2015}$，估计出长沙市城区目标年度的晚高峰平均速度 $v^{长沙}_{目标年度}$（以北京市 2001 年的晚高峰平均速度替代缺失的 2000 年的晚高峰平均速度）。即

$$v^{长沙}_{目标年度} = v^{长沙}_{2010\sim2015} v^{北京}_{目标年度} / v^{北京}_{2010\sim2015}$$
（式 4-2）

其中，$v^{长沙}_{目标年度}$：长沙城区目标年度的晚高峰平均速度；

$v^{长沙}_{2010\sim2015}$：长沙城区 2010 年至 2015 年的晚高峰平均速度；

$v^{北京}_{目标年度}$：北京城区目标年度的主干道平均速度；

$v^{北京}_{2010\sim2015}$：北京城区 2010 年至 2015 年的主干道平均速度。

根据上述方法，估计长沙城区小汽车和公共汽车晚高峰平均速度的依据参数和估计结果如表 4-1 所示。

长沙城区小汽车和公共汽车晚高峰平均速度估计表（km/h）　　　　表 4-1

年　份	北京城区晚高峰 主干道平均车速	长沙城区晚高峰 平均车速	长沙城区公共汽车 晚高峰平均车速
2000	20.4	16.6	14.1
2005	19.5	15.8	13.5
2010	19.7	14.0	12.8
2011	21.5	14.2	12.4
2012	21.4	13.4	12.3
2013	20.7	17.5	15.7
2014	20.9	18.6	13.0
2015	20.9	18.0	16.1

注：资料来源：《北京市交通发展年度报告》，《长沙市交通状况年度报告》。

借助于北京市市区主干道平均速度不同年份的比例值估计长沙城区晚高峰平均速度具有一定的合理性。其合理性体现在两个方面：第一，国家在各个时期的交通政策同时推动着首都和省会城市的交通发展，如公安部、建设部在全国范围内部署实施的"畅通工程"等，以提高交通管理水平；第二，式 4-2 中关于 2010 年至 2015 年的平均速度，消除了 2010 年至 2015 年的年度差异。

综上所述，根据上述方法可计算出每一目标年度的全部 4 种购物出行方式从居住区 i 至商业网点 j 的出行时间 $T^{步行}_{ij}$，$T^{骑行}_{ij}$，$T^{小车}_{ij}$，$T^{公交}_{ij}$。篇幅所限，这 4 种购物出行方式的出行时间没有在本书中列出。

只要我们掌握这 4 种购物出行方式关于居住区 i 至商业网点 j 的分担率 $\alpha^{步行}_{ij}$，$\alpha^{骑行}_{ij}$，

$\alpha_{ij}^{小车}$，$\alpha_{ij}^{公交}$，便可获得从居住区 i 至商业网点 j 的（平均）出行时间

$$T_{ij}=\alpha_{ij}^{步行}T_{ij}^{步行}+\alpha_{ij}^{骑行}T_{ij}^{骑行}+，\ \alpha_{ij}^{小车}T_{ij}^{小车}+\alpha_{ij}^{公交}T_{ij}^{公交} \qquad (式4\text{-}3)$$

4.5 购物出行方式的分担率估计

（1）不同出行方式的分担率估计

在《2009 年长沙市公交现状调查分析报告》《2015 年长沙市城市公共交通年度调查报告》和《长沙市城区综合交通体系规划（2010—2020）》中，列举了 2002 年、2007 年、2009 年和 2015 年多种交通方式的分担率，以及 2020 年的分担率指导目标。除 2020 年将步行和骑行统一为非机动出行外，所有的出行方式都包括了步行、骑行、小汽车和公共交通这 4 种出行方式。将这 4 种出行方式的分担率提取出来，并进行归一化处理（指导目标的非机动出行按照其他年度步行和骑行的比例进行划分），具体数据如表 4-2 所示。

长沙市城区 4 种购物出行方式的分担率（%）　　表 4-2

年份	步行	骑行	小汽车	公共交通
2002	41.4	18.2	12.9	27.5
2007	45.4	10.8	17.1	26.7
2009	36.0	19.0	20.0	25.0
2015	35.7	11.3	28.6	24.4
2020	28.0	12.0	25.0	35.0

对表 4-2 中的数据，分别使用指数方程、对数方程、线性方程以及二次方程试行拟合。根据 R^2 值最大选择，除了骑行最适合对数方程拟合外，其他交通方式均适合二次多项式拟合函数。从 R^2 值的大小可以看出，骑行的吻合程度略差一些。出行方式分担率拟合函数及 R^2 值记录在表 4-3 中。2000～2020 年长沙城区出行分担率拟合曲线见图 4-2。

不同出行方式分担率拟合函数　　表 4-3

出行方式	拟合公式	R^2
步行	$y=-0.046(x-1999)^2+0.2325(x-1999)+41.812$	0.7905
骑行	$y=-2.63\ln(x-1999)+19.803$	0.3449
小汽车	$y=-0.0481(x-1999)^2+1.8673(x-1999)+8.221$	0.8847
公共交通	$y=0.081(x-1999)^2-1.488(x-1999)+31.198$	0.8076

虽然拟合曲线可以获得各目标年度的分担率，但 4 种出行方式在不同年份的分担率之和并不一定等于 1。所以，在每一个目标年度，还需要将拟分担率进行归一化处理，获得目标年度长沙市城区出行分担率估计值（见表 4-4）。

（2）给定距离多种出行方式的分担率估计

尽管前面获得了多种出行方式的分担率估计，但不同出行距离的分担率是不同的。比如，在 2km 以内，步行的出行分担率较大，在 5km 以外，步行的出行分担率几乎为 0。在购物出行中，居住区与商业网点的距离有近有远，距离不同时，各种出行方式的分担率

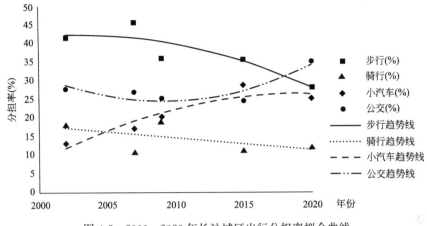

图 4-2 2000～2020 年长沙城区出行分担率拟合曲线

目标年度长沙城区出行分担率估计值　　　　　　　　表 4-4

方式(%)	步行	骑行	小汽车	公共交通
2000 年	41.55	19.55	7.95	30.95
2005 年	41.96	15.68	16.47	25.89
2010 年	39.59	13.80	22.14	24.47
2015 年	35.70	11.30	28.60	24.40

不一样，直接影响到式 4-3 计算平均出行时间的结果。

对于出行分担率关于距离的变化规律研究，国内的文献不多，但黄树森等[104]却给出了 2007 年北京城区关于不同距离的出行方式分担率（见表 4-5）。

2007 年北京城区关于不同距离的出行方式分担率　　　　　　　　表 4-5

出行距离(km)	步行(%)	骑行(%)	小汽车(%)	公共交通(%)
0～2	60.55	31.22	8.16	0.08
2～5	4.83	32.25	32.39	33.62
5～8	0.46	15.25	43.26	49.55
8～10	0.39	13.99	47.21	51.40
10～20	0.00	5.47	65.76	45.71
20～35	0.00	1.32	68.47	39.45

显然，北京城区与长沙城区关于不同距离的出行方式分担率存在差异，这种差异主要体现在两个方面：其一，城市建成面积存在差异而导致最大出行距离存在差异；其二，出行方式的总分担率存在差异。

为了消除这两种差异，由表 4-5 生成长沙城区关于不同距离的出行方式分担率，需要进行以下 3 项处理，即修正最大出行距离的差异，修正 4 种出行方式总分担率的差异，分担率的归一化。具体处理方法如下：

第一，修正最大出行距离对应的差异

2007 年长沙建成区面积为 173.19km²，同年北京建成区面积为 439km²。考虑到两个城市最大出行距离的比值约等于建成区面积平方根的比值，两个城市最大出行距离的比值约等于0.6。相应地，将表4-5的出行距离段0~2，2~5，5~8，8~10，10~20，20~35按照0.6倍缩小为：0~1.2，1.2~3，3~4.8，4.8~6，6~12，12~21。修正后最大出行距离与长沙城区的完全一致。

第二，修正4种出行方式的总分担率的差异

在每个距离段 j，指定出行方式关于出行需求总量的分担率公式如下：

$$\alpha_{距离段j}^{长沙}=\alpha_{总}^{长沙}\ (\alpha_{距离段j}^{北京}d_{距离段j}^{长沙})\ /\sum_i\ (\alpha_{距离段i}^{北京}d_{距离段i}^{长沙}) \qquad (式4-4)$$

其中，$\alpha_{距离段j}^{长沙}$：在长沙距离段 j，指定出行方式的分担率；

$\alpha_{总}^{长沙}$：长沙指定出行方式的总分担率（见表4-4）；

$\alpha_{距离段j}^{长沙}$：在北京距离段 i，指定出行方式的分担率；

$d_{距离段i}^{长沙}$：长沙距离段 i 的里程。

第三，分担率的归一化

设 N 为长沙出行需求总量，$N\alpha_{总}^{长沙}$ 就是长沙指定出行方式的出行需求总量，进而 $N\alpha_{距离段j}^{长沙}$ 就是长沙指定出行方式指定距离段的出行需求总量。所以，$\alpha_{距离段j}^{长沙}$ 是指定距离段内、指定出行方式关于出行需求总量的分担率。在每个距离段内，对这4种出行方式关于总需求的分担率进行归一化处理，便获得同一距离段内4种出行方式的分担率。

下面以2015年为例，估计长沙城区关于不同距离的出行方式分担率，以此解释上述方法的运用过程。

第一，将表4-5的出行距离的0.6倍填入表4-6第1列；

第二，运用式4-4修正每一种出行方式关于距离的分担率。例如：对于步行方式和距离段0~1.2，$\alpha_{总}=35.70$，$\alpha_{距离段1}^{原值}=60.55$，$d_{距离段1}=1.2km$ 以及

$$\sum_i\alpha_{距离段i}^{原值}d_{距离段i}=60.55\times1.2+4.83\times1.8+0.46\times1.8+0.39\times1.2=82.65$$

所以，

$$\alpha_{距离段1}^{修正}=35.70\times60.55\times1.2/82.65=31.38$$

其他距离段和其他出行方式与之类似，可获得表4-6的全部内容。

2015年长沙城区4种出行方式在各距离段关于总需求的分担率 表4-6

出行距离（km）	步行（%）	骑行（%）	小汽车（%）	公共交通（%）
0~1.2	31.38	2.30	0.20	0.00
1.2~3.0	3.76	3.56	1.17	2.06
3.0~4.8	0.36	1.68	1.57	3.03
4.8~6.0	0.20	1.03	1.14	2.10
6.0~12	0.00	2.01	7.93	9.33
12~21	0.00	0.73	12.39	12.08

第三，将表4-6中的每一距离段，进行归一化处理，获得2015年长沙城区4种出行方式关于不同距离的分担率（见表4-7）。

利用上述方法类似地计算出2000年、2005年和2010年长沙城区关于各距离段出行需求的分担率见表4-8~表4-10。

2015 年长沙城区 4 种出行方式关于各距离段出行需求的分担率　　表 4-7

出行距离(km)	步行(%)	骑行(%)	小汽车(%)	公共交通(%)
0~1.2	92.54	6.77	0.68	0.01
1.2~3.0	35.96	34.06	13.16	16.82
3.0~4.8	5.53	26.02	28.40	40.05
4.8~6.0	4.64	23.61	30.65	41.09
6.0~12	0.00	10.43	48.26	41.30
12~21	0.00	2.85	56.83	40.32

2000 年长沙城区 4 种出行方式关于各距离段出行需求的分担率　　表 4-8

出行距离(km)	步行(%)	骑行(%)	小汽车(%)	公共交通(%)
0~1.2	90.04	9.79	0.16	0.01
1.2~3.0	33.28	46.85	2.91	16.96
3.0~4.8	5.85	40.87	7.17	46.12
4.8~6.0	5.05	38.21	7.97	48.76
6.0~12	0.00	21.53	16.00	62.48
12~21	0.00	6.86	21.98	71.16

2005 年长沙城区 4 种出行方式关于各距离段出行需求的分担率　　表 4-9

出行距离(km)	步行(%)	骑行(%)	小汽车(%)	公共交通(%)
0~1.2	91.74	7.92	0.33	0.01
1.2~3.0	36.77	41.11	6.59	15.52
3.0~4.8	6.41	35.59	16.12	41.88
4.8~6.0	5.48	32.94	17.75	43.83
6.0~12	0.00	16.82	32.28	50.90
12~21	0.00	4.97	41.19	53.84

2010 年长沙城区 4 种出行方式关于各距离段出行需求的分担率　　表 4-10

出行距离(km)	步行(%)	骑行(%)	小汽车(%)	公共交通(%)
0~1.2	92.10	7.42	0.47	0.01
1.2~3.0	36.75	38.32	9.39	15.54
3.0~4.8	6.13	31.76	21.97	40.14
4.8~6.0	5.20	29.15	23.99	41.66
6.0~12	0.00	13.92	40.82	45.26
12~21	0.00	3.96	50.05	46.00

在利用式 4-4 求解居住区 i 至商业网点 j 的（平均）出行时间 T_{ij} 时，在指定年度对应的表 4-7、表 4-8、表 4-9 和表 4-10 中，先根据居住区 i 至商业网点 j 的距离寻找所属的距离段，再从表中可查询到居住区 i 至商业网点 j 的分担率，便可获得式 4-4 中用到的分

担率 $\alpha_{ij}^{步行}$，$\alpha_{ij}^{骑行}$，$\alpha_{ij}^{小车}$，$\alpha_{ij}^{公交}$。

值得注意的是，给定居住区 i 和商业网点 j，从居住区 i 至商业网点 j 的 4 种出行方式的出行距离存在一定的差异，将导致 4 种出行方式的出行距离在表 4-7、表 4-8、表 4-9 和表 4-10 中不在同一个里程段，可能导致查出来的 4 个分担率之和不等于 1。因此，对于从表中查出的 4 种出行方式的分担率，还需要进行归一化处理，获得最终的分担率 $\alpha_{ij}^{步行}$，$\alpha_{ij}^{骑行}$，$\alpha_{ij}^{小车}$，$\alpha_{ij}^{公交}$。

4.6　平均购物出行时间求解步骤

综上所述，对于任意目标年度 y，按照如下步骤可以求解居住区 i 至商业网点 j 的平均购物出行时间。

步骤 1：查询各种出行方式从居住区 i 至商业网点 j 的查询期出行时间 $T_{ij}^{步行}$，$T_{ij}^{骑行}$，$T_{ij}^{小车}$，$T_{ij}^{公交}$（数据形式见附录 E）。

步骤 2：若目标年度在 2015 年之前，且公共交通出行时间小于公共汽车出行时间，则借助于地铁 2 号线的旅行速度和公共汽车平均速度，将地铁段旅行时间转换为公共汽车出行时间，以确定公共汽车最小出行时间，相应地修正 $T_{ij}^{公交}$。

步骤 3：利用式 4-1 将小汽车出行时间 $T_{ij}^{小车}$ 修正为目标年度出行时间，将公交出行时间 $T_{ij}^{公交}$ 的公共汽车段进行修正，获得目标年度出行时间。其中小汽车和公共汽车的 $v_{查询期}$ 分别为 18.3km/h 和 13.3km/h，$v_{目标年度}$ 由式 4-2 和表 4-1 确定。

步骤 4：在目标年份对应的表 4-7、表 4-8、表 4-9 和表 4-10 中，根据居住区 i 至商业网点 j 的里程，分别查询 4 种出行方式的分担率。若不在同一个里程段，则将表中查出的 4 种出行方式的分担率归一化处理，获得最终的分担率 $\alpha_{ij}^{步行}$，$\alpha_{ij}^{骑行}$，$\alpha_{ij}^{小车}$，$\alpha_{ij}^{公交}$。

步骤 5：利用式 4-3，求解居住区 i 至商业网点 j 的平均出行时间 T_{ij}。

根据以上平均购物出行时间的计算步骤，计算获得 2000 年、2005 年、2010 年和 2015 年的平均出行时间，每一年度的平均出行时间采用一个 53×181 矩阵来存贮，篇幅所限，未予列出。

第5章 商业网点规模与区位分布及其演变

5.1 商业网点的规模及其演变

5.1.1 商业网点的总体规模及其演变

根据附录 B，对 2000 年、2005 年、2010 年和 2015 年调查的长沙大型零售商业网点数据分业态进行统计，业态规模和业态网点数量分别见表 5-1 和表 5-2。表 5-1 展示了各年度、各业态的规模分布状况。从表 5-1 可以看出，大型零售商业网点的总体规模呈上升趋势，2000 年长沙大型零售商业网点建设进入起步阶段，城市大规模兴建零售商业网点，所以零售商业规模有较大增幅。2000～2005 年间，总规模由 149800m² 增加到 3072984m²，增量为 2923184m²。2005～2010 年间的增长较缓慢，总规模由 3072984m² 增加到 3714624m²，增量仅为 641640m²。但 2010 年后却有新的一轮增长，总规模由 3714624m² 增加到 6038824m²，增量为 2324200m²。2000～2015 年间，长沙市大型零售商业网点的规模演变呈现迅速增加接着增速减缓进而又快速增加的过程，增长趋势见表 5-1 和图 5-1 所示。

2000～2015 年大型零售商业网点业态规模（m²）　　　　　　　表 5-1

业态序号	业态类型	2000 年	2005 年	2010 年	2015 年
1	大型综合超市	7000	137500	232500	328500
2	购物中心	51800	797300	853300	2964300
3	商业街	0	184584	372224	372224
4	专业大卖场	0	1907600	2246600	2363800
5	百货店	91000	46000	10000	10000
	合计	149800	3072984	3714624	6038824

从表 5-2 展示的大型零售商业网点数量来看，总体网点数量虽然上升，但各年度的增加数量有差异。2000 年的网点数量只有 8 个，到了 2005 年迅速增至 110 个，增加了 102 个网点；2005 年后，大型零售商业网点的数量增幅趋于平缓，2005～2010 年的网点数量由 110 个增长至 150 个，仅增加了 40 个网点；2010～2015 年的网点数量由 150 个增至 176 个，增加的网点数量仅为 26 个。

综上所述，大型零售商业网点的规模和数量的发展进程，具有阶段性的特点，由几个快速发展期和平缓发展期构成。从总规模增量大和网点数增量少的发展趋势可以看出，新增网点的平均体量呈上升趋势。

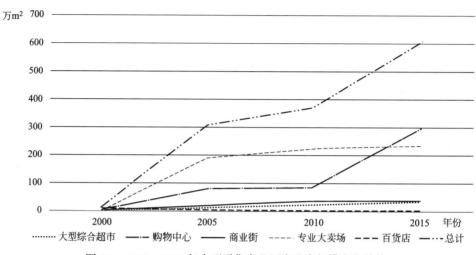

图 5-1　2000～2015 年大型零售商业网点业态规模变化趋势

2000～2015 年大型零售商业网点数量（个）　　表 5-2

业态序号	业态类型	2000 年	2005 年	2010 年	2015 年
1	大型综合超市	1	17	33	41
2	购物中心	1	29	32	47
3	商业街	0	8	20	20
4	专业大卖场	0	53	64	67
5	百货店	6	3	1	1
	合计	8	110	150	176

5.1.2　各业态类型的商业网点规模及其演变

利用表 5-1，计算出的各年度各业态规模的占比情况见表 5-3 所示。从表 5-1、表 5-3 和图 5-1 可以看出，在 2000 年，百货店的规模占总体大型零售商业规模的一半以上，达到 60.75%；其次是购物中心，占总体大型零售网点规模的 34.58%；占比最少的是大型综合超市，所占比例为 4.67%。

2000～2015 年各业态规模占比　　表 5-3

业态序号	业态类型	2000 年	2005 年	2010 年	2015 年
1	大型综合超市	4.67%	4.47%	6.26%	5.44%
2	购物中心	34.58%	27.95%	22.97%	49.09%
3	商业街	0.00%	6.01%	10.02%	6.16%
4	专业大卖场	0.00%	62.08%	60.48%	39.14%
5	百货店	60.75%	1.50%	0.27%	0.17%

2000～2005 年间，大型零售业发展迅速，商业街和专业大卖场从无到有，在 2005 年分别占比 6.01% 和 62.08%；大型综合超市的规模由 7000m² 增加至 137500m²，增加了

130500m²，规模所占比例为 4.47％；购物中心的规模由 51800m² 增加至 797300m²，增加了 745500m²，占比为 27.95，较 2000 年的占比略有下降；百货店的规模由 91000m² 减少至 46000m²，在 2005 年商业网点的整体规模中由 2000 年的 60.75％ 跌至 2005 年的 1.50％；专业大卖场由于其建筑单体的规模较大，所以在 2005 年的规模统计中所占比例达到 61.14％。

2005～2010 年间，各种业态类型规模的增加速度明显减缓，大型综合超市规模增至 232500m²，在 2010 年占比 6.26％，与 2005 年相比有少量增长；购物中心规模上涨到 2010 年的 853300m²，规模占比 22.97％，比 2005 年增加了 56000m²，规模占比比 2005 年的下降了近 5％；商业街的规模增加到 372224m²，比 2005 年的规模多了 187640m²，规模占比上升了 4％，达到 10.02％；专业大卖场的规模占比虽然从 2005 年的 62.08％ 略下降至 60.48％，但规模较 2005 年增加了 339000m²，达到 2246600m²；2005～2010 年期间，许多百货店转型成了购物中心或其他业态类型，使百货店的规模不断减少，由 46000m² 减少至 10000m²，规模占比也减至 0.27％。

2015 年，购物中心的规模超过了专业大卖场成为全市规模最大的业态类型，规模达到 2964300m²，比 2010 增长了 2111000m²，规模占比达到了 49.09％，；排名第二的是专业大卖场，规模增加到 2363800m²，规模占比 39.14％，较 2010 年下降了 21.34％；大型综合超市由 2010 年的 232500m² 增加到 2015 年的 328500m²，增加了 96000m²，规模占比略微下降到 5.44％；商业街和百货店的规模没有改变，与 2010 年的规模持平，由于其他业态类型的网点规模在增加，因此商业街和百货店的规模占比缩小。

各年度各业态规模占比趋势见图 5-2，从图 5-2 可以直观地看出，百货店的规模占比一直在下滑，首个五年中下滑幅度最大，大型综合超市和商业街的规模占比先是小幅上升进而小幅下降，专业大卖场出现了规模占比迅速增加，基本维持了五年后，规模占比又迅速下跌的过程，与专业大卖场的占比趋势相反的是购物中心，经历了迅速下降然后迅速上升的过程。

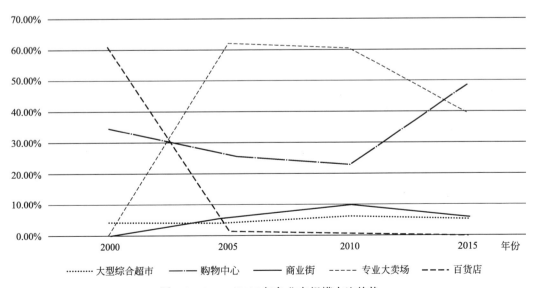

图 5-2 2000～2015 年各业态规模占比趋势

大型零售商业网点数量变化趋势见图 5-3，从图 5-3 可以看出，专业大卖场一直是网点数量最多的业态类型，在 2000～2005 年间，网点数量增加最多，其余业态类型的网点数量也在不断增加，但百货店的网点数量却在减少。2005 年后至 2010 年，各种业态类型的网点数量增加速度减缓，而百货店的数量依然在下降。2010 年后，购物中心呈现数量快速上升的势头，这五年间，城市中的购物中心数量又有大幅增长，专业大卖场数量有少量增加，商业街和百货店的数量保持不变，大型综合超市保持了较稳定的增长率。

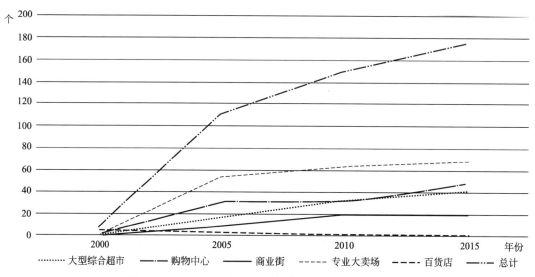

图 5-3　2000～2015 年大型零售商业网点数量变化趋势

各业态网点数量占比及变化趋势见表 5-4 和图 5-4。从此可见，除了在 2000 年的统计中，百货店占了绝对大的比重外，其余几年的网点数量占比由大至小排序基本保持为专业大卖场、购物中心、大型综合超市、商业街、百货店。但每种业态类型的网点数量所占比重的增长率不一样，大型综合超市的数量比重是持续稳步上升的，专业大卖场和百货店在持续下降，商业街出现了上升后再下降的过程，购物中心的数量占比先上升再下降又再次上升。

2000～2015 年各业态类型的网点数量占比　　　　表 5-4

业态序号	业态类型	2000 年	2005 年	2010 年	2015 年
1	大型综合超市	12.50%	15.45%	22.00%	23.30%
2	购物中心	12.50%	26.36%	21.33%	26.70%
3	商业街	0.00%	7.27%	13.33%	11.36%
4	专业大卖场	0.00%	48.18%	42.67%	38.07%
5	百货	75.00%	2.73%	0.57%	0.57%

各业态的网点平均规模及其变化趋势见表 5-5 和图 5-5，由此可见，从 2000 到 2005年，与大型综合超市和百货店相比，购物中心的单个网点规模显著下降，达到 2 万多平方米。结合表 5-2 可以推断出，这 5 年间购物中心的数量虽然增加了很多，但每个新增购物中心的体量都不大，所以使平均规模下降。另外，该年度内专业大卖场和商业街的网点数

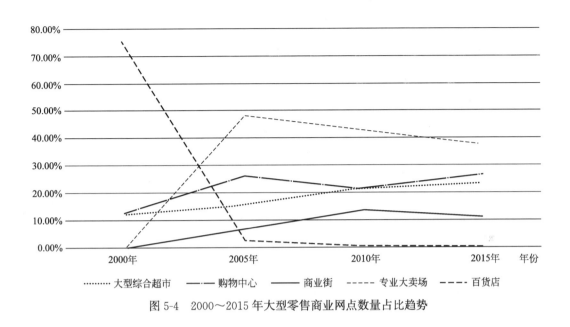

图 5-4　2000～2015 年大型零售商业网点数量占比趋势

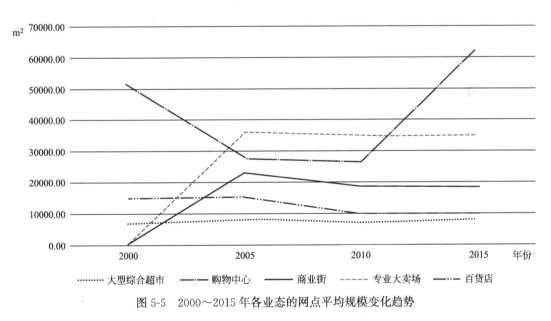

图 5-5　2000～2015 年各业态的网点平均规模变化趋势

量和规模都在迅速增加，由附录 B 可知，专业大卖场和商业街的单个网点的初始规模分别在 36 万 m² 和 23 万 m² 左右。2005～2010 年间，所有业态的单个网点规模变化不大，都有略微下降，说明这段时间内新建的网点规模较前 5 年有所减小。到 2010 年后，大型综合超市、商业街、专业大卖场和百货店的单个网点规模保持基本稳定，但购物中心的平均规模却有近 4 万 m² 的显著增加，增幅达到 2 倍以上。这说明新建的购物中心的单体规模是比较庞大的，例如期间新建的开福万达、德思勤城市广场的单体规模都达到了 20 万 m² 以上，友阿奥特莱斯购物公园更是达到 30 万 m²。对于城市居民来说，购物中心是否需要这样庞大的单体规模呢？后文会继续讨论这个问题。

2000～2015 年各业态的网点平均规模（m²）　　　　表 5-5

业态序号	业态类型	2000 年	2005 年	2010 年	2015 年
1	大型综合超市	7000.00	8088.24	7045.45	8012.20
2	购物中心	51800.00	27493.10	26665.63	63070.21
3	商业街	0.00	23073.00	18611.20	18611.20
4	专业大卖场	0.00	35992.45	35071.88	35280.60
5	百货店	18200.00	15333.33	10000.00	10000.00

综上所述，不同业态在不同时期的发展速度存在差异。大型综合超市的规模增长速度比较稳定；购物中心由数量快速增长向单体规模快速增长转化；商业街前期发展较快，往后的规模一直处于稳定状态；专业大卖场的规模在前期快速增长后，一直处于缓慢增长状态；百货店作为传统业态类型，网点数量持续减少。

5.2　商业网点区位分布及其演变

5.2.1　全体商业网点区位分布及其演变

2000～2015 年商业网点和新增网点的分布见图 5-6，由图 5-6 可以看出，2000 年的零售商业网点集中分布于城市中心，形成了以五一广场为中心的单核空间结构。到 2005 年，零售商业网点迅速增加，继续在城市中心区域布局，同时向城市的其他区域扩散，2000～2005 年新增商业网点的扩散区域主要是城市的东南部、东部和北部，但城市中心区域分布的网点数量比例最大。2005 年，长株潭城市群规划圈获批，2007 年长株潭区域获批为"两型社会建设综合配套改革实验区"，同时，湖南省政府也由城市中心区搬迁至长沙南部城区，在一定程度上影响了城市零售商业的区位选址。2005～2010 年，一部分新增的大型零售商业网点仍然分布于城市中心区域，另一部分新增网点主要分布于南部，这段时间城市中心区域和城市其他区域新增的网点数量相当。为配套长株潭城市群"两型社会"改革试验区，长沙大河西先导区成为了综合配套的核心区。在 2010 年后，大河西先导区的综合实力开始全面提升，且市府西区域定位为集购物、生态、休闲为一体的都市生活示范区，所以 2010～2015 年，新增的商业网点有少量在城市中心区域布局，大部分网点扩散于城市的西北部和东南部，其中又以城市西北部分布的商业网点数量最多。从图 5-6 中新增商业网点的分布可以看出，目前城市中心的商业网点仍然在增加，但网点数量增速缓慢，而城市周边区域的商业网点数量增速较快。

综上所述，大型零售商业网点区位分布的初始状态为城市中心区域的集中布局，逐步发展为较均匀的分散状态。其演变经历了三个阶段：其一为优先发展城市中心；其二为由中心逐步向外扩散；其三为各区域商业网点聚集成区域中心。这是一个由单核心发展成为"一主多次"商业中心的演变过程，与城市空间结构演变规律类似。

5.2.2　各业态商业网点区位分布及其演变

2000～2015 年各业态商业网点和新增网点分布详见图 5-6～图 5-11。

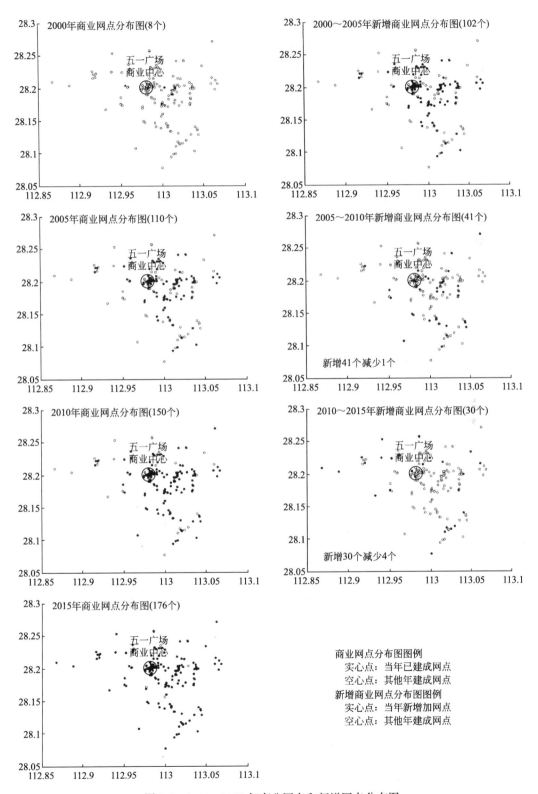

图 5-6　2000～2015 年商业网点和新增网点分布图

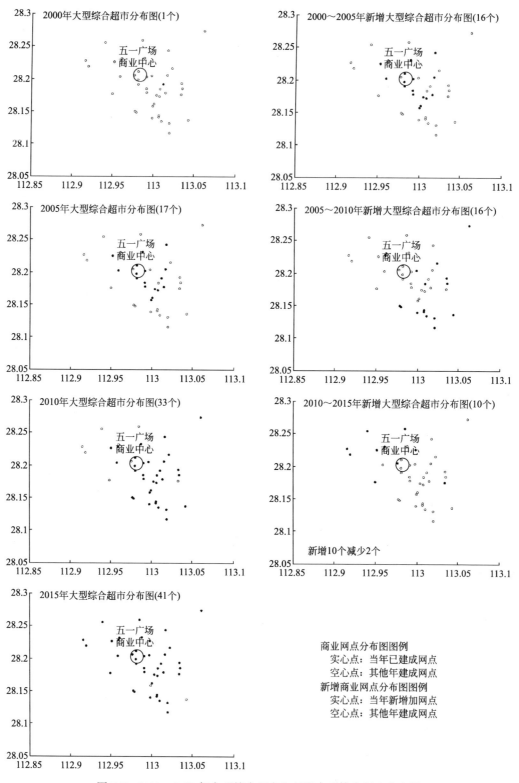

图 5-7 2000～2015 年大型综合超市和新增大型综合超市分布图

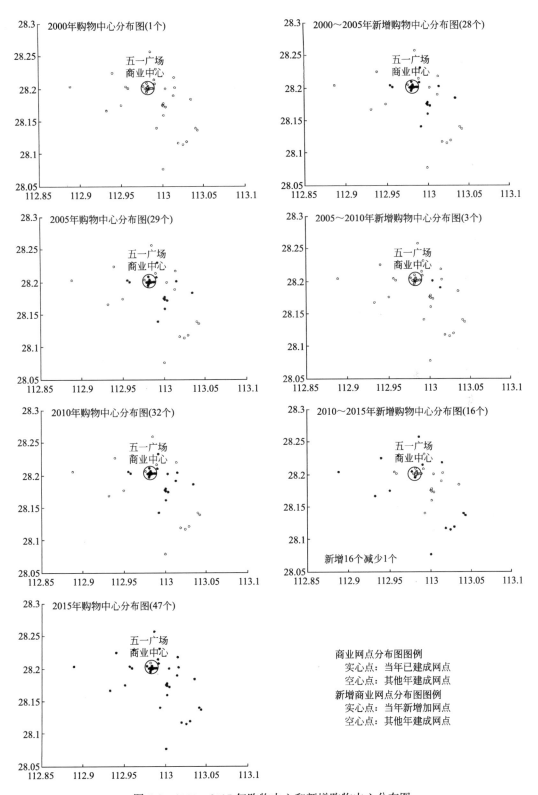

图 5-8　2000～2015 年购物中心和新增购物中心分布图

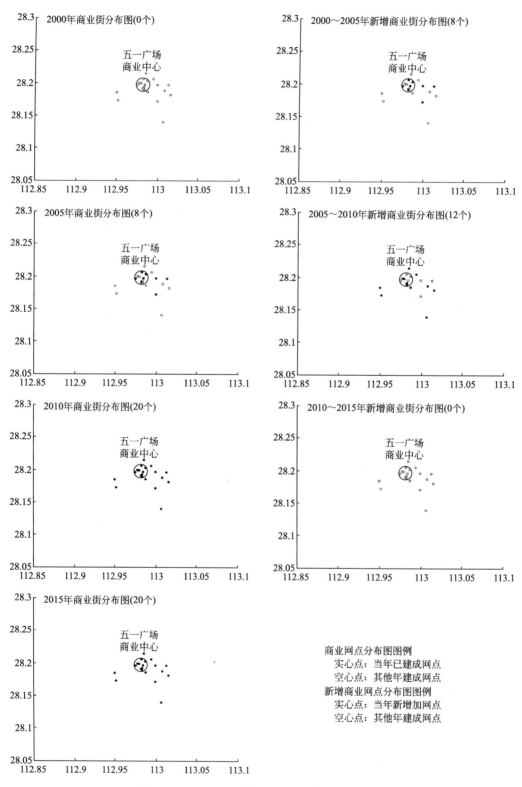

图 5-9　2000～2015 年商业街和新增商业街分布图

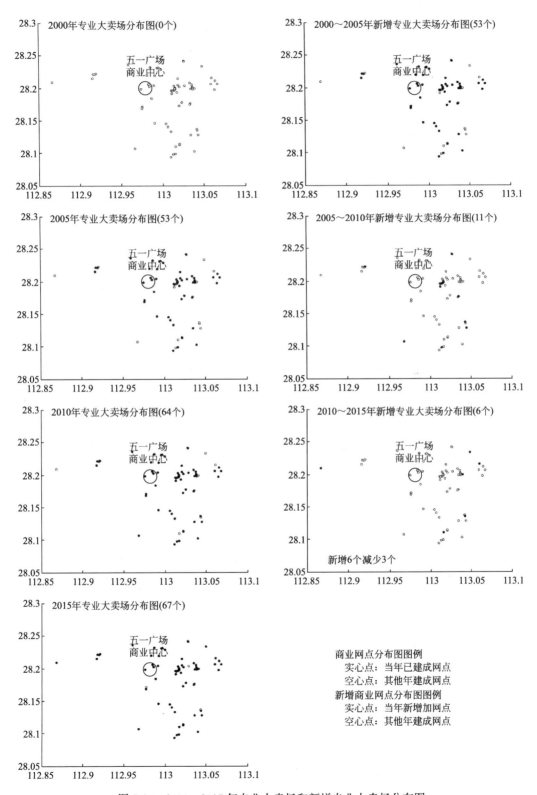

图 5-10　2000～2015 年专业大卖场和新增专业大卖场分布图

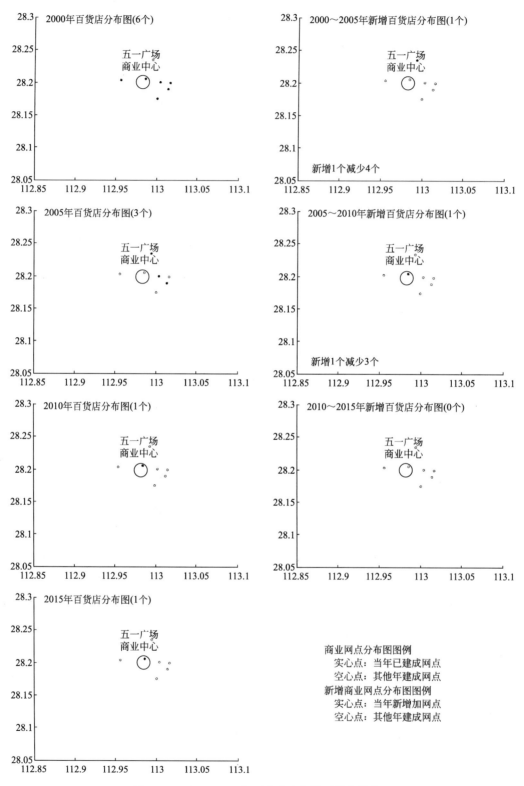

图 5-11　2000～2015 年百货店和新增百货店分布图

（1）大型综合超市的区位分布及其演变

2000 年全市的大型综合超市只有一家，位于长沙火车站周边区域。从图 5-7 中 2000～2005 年新增的大型综合超市分布可以看出，这 5 年间增加的超市几乎均匀分布于城市中心适度偏南的区域（并不是围绕五一广场商业中心聚集）。在 2005～2010 年新增的大型综合超市中，城市南部增量较多，中心区增量较少。2010 年的大型综合超市重心已经有明显的向南偏移趋势。2010～2015 年间新增的大型综合超市却集中在城市的西北部区域，南部反而没有增加超市，使得大型综合超市再次较均匀地分布于整个城区。

从大型综合超市的区位分布及演变可以看出，超市一开始就以城市中心为重点发展区域，然后向整个城区扩散性发展。随着新的城市发展政策的出台，又向城市南部区域和西北部区域扩散，大型综合超市的空间布局整体上处于与城市空间布局同步均衡发展状态。

（2）购物中心的区位分布及其演变

购物中心最初出现于城市中心的五一广场商业中心，经过 2005 年零售业的一轮大调整，购物中心以其经营模式和经营范畴综合性等特点，广受消费者青睐，多分布于城市的繁华区域。从图 5-8 可以看出，2000～2005 年新增了大量购物中心，且以五一广场商业中心和东塘商业中心布局最集中。而 2005～2010 年全市只增加了 3 个购物中心，都分布于城市中心区域。2010 年后，购物中心又有了新一轮的增长，这一轮增长的购物中心区位有了明显变化，虽然在城市中心区域有少量增加，但受区域经济发展政策以及省政府南迁的影响，多数新增的购物中心布局在城市的南部与西北部。

从各年度购物中心的网点分布可以看出，购物中心首先集聚于城市中心，进而向城市周边扩散，但城市中心区域的购物中心仍然较集中，城市周边的购物中心相比来说较分散。

（3）商业街的区位分布及其演变

商业街不同于其他业态类型，一般是由多个小的零售店沿街组合而成的具有一定规模的经营形式，也有由大体量、长条形的建筑单体组合形成的条状的商业街区，总之是沿街道建设的零售商业形式。图 5-9 显示，在 2000 年以前，长沙市并没有成规模的商业街，2000～2005 年间，商业街开始慢慢发展起来。由于原有零售小店铺大多分布在城市中心区域，所以新建的商业街将小店铺整合后集中分布于五一广场—火车站商业中心一带。2005～2010 年新增的商业街主要还是分布于中心区域的五一广场商业中心周边，其余商业街在湘江以西的大学城及城市的北部、东部和南部都有少量分布。而 2010 年以后没有再增加新的商业街。

自商业街出现以来，大部分网点集中在城市中心区域布局，向外扩散的趋势不明显，且就目前的形势来看，商业街没有再继续增加，其综合功能逐渐被大体量的购物中心所替代。

（4）专业大卖场的区位分布及其演变

从图 5-10 中可以了解到，2000～2005 年专业大卖场从无到有新增了很多网点，分布于整个市区中，其中火车站区域分布最密集，城市周边也有较均匀的分布。考虑到对物流的要求较高，且某些商品的体积比较庞大，所以某些专业大卖场的选址在城市周边，而一些小体积、流通量大的商品（如电子产品）就占据了靠近城市中心区域的位置。2005～2010 年间新增的专业大卖场数量锐减，其中只有少量分布在城市中心区域，其余大多分布在城市的南部，这与其销售的商品属性有着直接关系。从总体布局上看，2005年专业大卖场在城市中的分布基本均衡，没有明显的偏向。由于长沙市的物流集散和仓储点多汇集于城市东部的黎托乡区域，所以2010年后新增的专业大卖场开始向城市东部区域扩散，西部地区只增加了少量专业大卖场。在2000～2015年的15年间，专业大卖场的布局整体上均匀分布于整个城市中，但基本集中于湘江以东的区域。专业大卖场的网点数量增加最多的时间段在首个五年，从零开始经历了一轮快速增长，这一轮的增长几乎可以满足城市对专业大卖场的需求，接下来十年的发展只是跟随城市扩张的方向有少量增加。

由此可见，专业大卖场除了经营粗大笨类型商品的网点主要布局在周边城区外，区位分布比较均匀。

（5）百货店的区位分布及其演变

百货店是传统的业态类型，随着零售市场的不断更新与发展，百货店只单纯售卖普通零售品的形式已不能满足消费者日益上升的消费需求。图5-11中显示，2000年百货店基本分布于五一广场、袁家岭、东塘这几个城市中心的老商业中心。到2005年，虽然增加了1个百货店，但其选址在城市的北部区域，而城市中心区域的百货店却减少了4个。这4个减少的百货店已经更新了业态，转型成了购物中心，暗示了百货店的生存危机。2005～2010年间，城市中的百货店几乎全部消失，只剩下城市中心区域中山路上的"国货陈列馆"。"国货陈列馆"的前身是中山路百货大楼，在1998年后由于经营不善而一度处于关闭状态，直至2010年被恢复保留了百货店的业态形式和其民国时期的"国货陈列馆"之名。2010年以后百货店基本上退出了历史舞台，全市没有百货店再增加。而中山路上的"国货陈列馆"承载了老长沙人的怀旧情怀，作为旧长沙的标志性建筑和长沙传统商业文化的象征被保存了下来。

5.3　人口和住宅的实际分布及其演变

城市居民是零售商品的消费对象，居民的分布和数量、住宅的布局与规模都影响着零售场所的选址、定位、规模，引发商业业态出现新的变化；而零售场所的区位、档次、规模等也反过来影响消费者的选择和住宅分布。因此，我们需要在了解人口和住宅的分布及数量的演变情况的基础上，分析人口、住宅与商业网点之间的关系互动。

（1）各年度常住人口的实际分布及演变

根据附录C，对各年度的街道数和各街道人口、面积求和，并计算各年度的人口密度，获得表5-6。

各年度街道数和各街道人口面积统计表　　　　表5-6

年度	2000年	2005年	2010年	2015年
总人数（人）	1985431	2301102	2675839	2947655
街道数（个）	52	52	53	53
街道总面积（hm²）	40860.58	40860.58	42760.59	42760.59
人口密度（人/hm²）	48.59	56.32	62.58	68.93

从表5-6中年度总人数可以看出，2000～2005与2005～2010年间，人数增量分别为

315 671 人和 374 737 人，2010～2015 年间，人数增量为 271 816 人，增量比前两个 5 年少一些。从人口密度来看，从 2000 年的 48.59 人/hm² 上涨到 2015 年的 68.93 人/hm²，各年度人口密度基本处于均匀增长的状态。通过附录 C 的统计可以看出，府后街、解放路、浏正街、都正街等街道的人口数量较少，这些街道处于城市中心；而雨花亭、左家塘、新开铺、金盆岭、马王堆等街道的人口数量在每个年度中比较大，人口密度持续上涨，这些街道处于城市中心区域外围。

综上所述，街道数量极为缓慢地增长，人口总量和人口密度持续增长。人口分布密集区不在城市最中心区域，而是城市中心临近区域。表明在城市中心土地价值不断提高的挤压下，居住区被迫向城市周边迁移，人口分布密集区今后还将进一步向外迁移。

（2）各年度住宅的实际分布及演变

根据附录 D，对各年度的街道数和各街道住宅套数、面积求和，并计算各年度的住宅密度，获得表 5-7。

各年度街道数和各街道住宅套数面积统计表　　　　表 5-7

年度	2000 年	2005 年	2010 年	2015 年
住宅套数（套）	555728	748312	1283332	1642504
街道数（个）	52	52	53	53
街道总面积（hm²）	40860.58	40860.58	42760.59	42760.59
住宅密度（套/hm²）	13.60	18.31	30.01	38.41

从表 5-7 可以看出，2000～2005 年住宅套数由 555 728 套增至 748 312 套，增加了 192 584 套，住宅密度由 13.6 套/hm² 上升到 18.31 套/hm²，每公顷增长了近 5 套；2005～2010 年，住宅套数迅速增加，上涨至 1 283 332 套，增加了 535 020 套，住宅密度也增长至 30.01 套/hm²，每公顷增长了近 12 套，与 2000～2005 年度的住宅密度增量相比已经翻番；到 2015 年，住宅套数到达 1 642 504 套，住宅密度增至 38.41 套/hm²，相比 2010 年每公顷增长了近 8 套。附录 D 中可以看出，处于城市中心的府后街、解放路、浏正街、都正街等街道的住宅套数是比较少的，而城市中心区域外围的雨花亭、左家塘、新开铺、金盆岭等街道的住宅套数在每个年度中都是比较大的，离城市中心更远区域的洞井、梅溪湖、圭塘等街道的住宅套数增量逐渐增加。

综上所述，住宅的分布与人口分布的特点基本一致，向城市中心外围扩散，并且有向城郊进一步蔓延的趋势。

5.4　商业网点重心（中心）与人口（住宅）重心偏差及演变

重心赋予了规模属性，中心仅仅包含区位属性。鉴于商业网点分布与人口分布、住宅分布密切相关，分别从商业网点的重心和中心，分析它们与人口、住宅重心的关系，了解商业网点分布与人口、住宅分布的吻合情况。

（1）商业网点重心位置与人口（住宅）重心位置的距离分析

零售商业网点规模分布与人口（住宅）分布的吻合程度最简单的评价方法，就是商业网点的重心与街道（人口或住宅）重心的偏差。

对于 n 个商业网点 c_1，c_2，$\cdots$，c_n，记位置为 (x_i^c, y_i^c)，规模为 u_i，商业网点的重心位置为 (x^c, y^c)，其中

$$x^c = \sum_{i=1}^n u_i x_i^c / \sum_{i=1}^n u_i, \quad y^c = \sum_{i=1}^n u_i y_i^c / \sum_{i=1}^n u_i \qquad （式 5-1）$$

对于 m 个街道 d_1，d_2，$\cdots$，d_m，记位置为 (x_i^d, y_i^d)，人口（或住宅）数量为 v_i，人口（或住宅）重心位置为 (x^d, y^d)，其中

$$x^d = \sum_{i=1}^m v_i x_i^d / \sum_{i=1}^m v_i, \quad y^d = \sum_{i-1}^m v_i y_i^d / \sum_{i=1}^m v_i \qquad （式 5-2）$$

商业网点的重心位置为 (x^c, y^c)，与人口（或住宅）的重心位置为 (x^d, y^d) 的距离，就是商业网点与人口（或住宅）重心位置偏差。

由于坐标位置采用的是经纬度，点 (x^c, y^c) 至点 (x^d, y^d) 的距离公式如下：

$$L = R \cdot \cos^{-1}(\sin(y^c) \cdot \sin(y^d) + \cos(y^c) \cdot \cos(y^d) \cdot \cos(x^c - x^d)) \quad （式 5-3）$$

其中，R 为地球平均半径，$R = 6371.393\text{km}$。另外，用度表示的经纬度中心位置坐标还需乘以 $2\pi/360$ 转化为弧度。

将附录 B 的商业网点规模和位置坐标代入式 5-1，求得各年度各业态的重心坐标如表 5-8 所示。

各年度各业态重心位置 表 5-8

业态序号	业态名称	2000 年	2005 年	2010 年	2015 年
1	大型综合超市	(113.0128, 28.1899)	(112.9940, 28.1936)	(113.0017, 28.1825)	(112.9854, 28.2006)
2	购物中心	(112.9836, 28.2002)	(112.9973, 28.1937)	(112.9974, 28.1940)	(112.9902, 28.1775)
3	商业街	—	(112.9886, 28.1949)	(112.9865, 28.1935)	(112.9865, 28.1935)
4	专业大卖场	—	(113.0112, 28.1800)	(113.0128, 28.1755)	(113.0122, 28.1773)
5	百货店	(113.0000, 28.1940)	(113.0056, 28.2045)	(112.9861, 28.2059)	(112.9861, 28.2059)
	全部业态	(112.9949, 28.1960)	(113.0054, 28.1854)	(113.0059, 28.1820)	(112.9983, 28.1797)

将附录 C 的街道人数和位置坐标代入式 5-2，求得各年度所有街道关于人口的重心位置如表 5-9 所示。

各年度全体街道关于人口的重心位置 表 5-9

2000 年	2005 年	2010 年	2015 年
(112.9937, 28.1869)	(112.9953, 28.1884)	(112.9966, 28.1897)	(112.9969, 28.1881)

将表 5-8 和表 5-9 的数据代入式 5-3，求得各年度各业态重心位置与人口重心位置的距离如表 5-10 所示。

各业态重心位置与人口重心位置的距离 表 5-10

业态序号	业态名称	2000 年	2005 年	2010 年	2015 年
1	大型综合超市	1.90	0.59	0.94	1.79
2	购物中心	1.78	0.62	0.48	1.36
3	商业街	—	0.98	1.07	1.18

续表

业态序号	业态名称	2000 年	2005 年	2010 年	2015 年
4	专业大卖场	—	1.82	2.24	1.92
5	百货店	1.00	2.05	2.07	2.24
	全部业态	1.01	1.04	1.25	0.95

各年度各业态（全部业态）的网点重心、人口重心的位置如图 5-12 所示，图中大空心点为网点重心和人口重心邻近的商业网点，实心点为全部业态或各业态网点重心位置，小空心点为人口重心位置。结合表 5-10 可以看出，2000 年由于大型零售商业网点刚开始

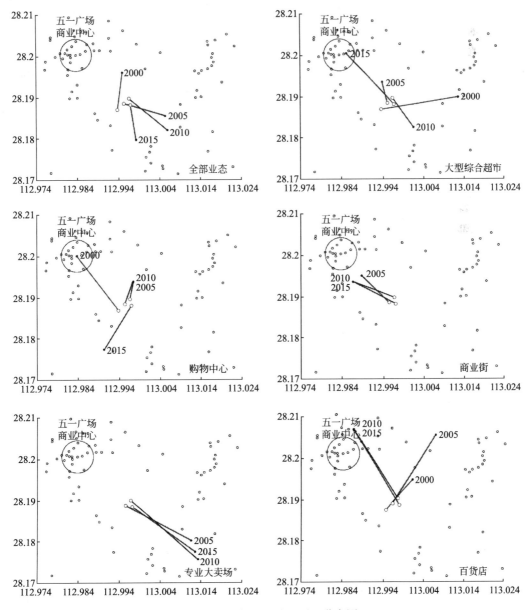

图 5-12　网点重心-人口重心分布图

新建且数量很少，百货店是在历史形成的具有规模的商铺上延续下来的，与人口密集的区域比较近，购物中心布局于城市中心五一广场的位置，大型综合超市在当年只有一家，商家选址靠近火车站，所以购物中心和大型综合超市稍远一些。由于当时百货店是主要的业态类型，业态规模最大，所以全部业态的重心与人口重心的偏差距离并不是很远。

2000年以后，人口重心向城市东北部有少许偏移，2000～2005年间商业网点开始大量兴建，零售商业业态也有了新的一轮调整。百货店陆续转型成购物中心，这五年间新建的商业街和购物中心多分布于人口密集的城市中心区，设置的规模也比较合理，所以离人口重心的距离较小；大型综合超市由于其销售的商品与居民的日常生活联系紧密，在人口密集的地方建设规模有限，能基本满足消费者的需求，因此其重心与人口重心的距离也较近；但新增的专业大卖场因其销售的商品属性和对物流的要求，多建立在城市外围区域；这一时期新建的百货店也布局于城市外围且规模较城中心的更大，所以专业大卖场和百货店的重心与人口重心距离较远。全部业态的重心往东南方向偏移，但与人口重心偏差距离没有太大改变。

2005～2010年间，购物中心的增量很小，新增商业街仍然设置在人群密集区且规模适宜，所以这两种业态的重心与人口重心距离变化不大，购物中心更加靠近人口密集区。而新增的大型综合超市分散于各个街道且单体体量较大，使其重心偏移距人口重心稍远了一些，加上专业大卖场的重心仍然远离人口重心，导致全部业态的重心往南偏移，离人口重心也更远了。

2010年后，人口重心又向南偏移，全部业态的重心也向南偏移。除了商业街和百货店的重心没有改变外，大型综合超市的重心向西北、购物中心的重心向南偏移的现象明显。这是由于河西市政府片区建了大规模的超市和省政府片区新建了大规模购物中心所致。而人口重心是向南偏移的，所以大中型超市的重心距人口重心越来越远。而购物中心虽然重心也在南移，但随着城市的大幅扩张，城市南部新建的购物中心单体规模很大，导致其重心远离了人口重心。

综上所述，在研究期内，长沙城区的人口重心没有太大偏移，但各业态零售网点的重心的偏移程度却存在差异。不论全部业态还是每一种业态，网点重心总体上与人口重心相接近。大型综合超市和购物中心的网点重心与人口重心最接近；商业街因选址于繁华区域，重心更偏向城市中心区域；专业大卖场由于部分粗大笨商品属性选址于物流快捷的城市东南部，重心偏向城市东南部。也就是说，商业网点规模分布与人口分布基本吻合，大型综合超市和购物中心的网点规模分布与人口分布更吻合一些，商业街规模分布更偏向城市中心区域；专业大卖场规模分布更偏向城市的物流便捷区域。

（2）商业网点重心位置与住宅重心位置的距离分析

将附录D的街道住宅套数和位置代入式5-2，求得各年度所有街道关于住宅的重心位置如表5-11所示。

各年度全体街道关于住宅的重心位置 表5-11

2000年	2005年	2010年	2015年
(112.9937,28.1869)	(112.9966,28.1874)	(112.9957,28.1887)	(112.9943,28.1875)

将表5-8和表5-11的数据代入式5-3，求得各年度各业态重心位置与所有街道重心位置的距离如表5-12所示。

各业态重心位置与住宅重心位置的距离（km）　　　表 5-12

业态序号	业态名称	2000 年	2005 年	2010 年	2015 年
1	大型综合超市	1.90	0.73	0.90	1.70
2	购物中心	1.78	0.70	0.61	1.18
3	商业街	—	1.15	1.04	1.01
4	专业大卖场	—	1.65	2.24	2.08
5	百货店	1.00	2.10	2.13	2.20
	全部业态	1.01	0.89	1.24	0.95

各年度各业态（全部业态）的网点重心、住宅重心的位置如图 5-13 所示，图中大空

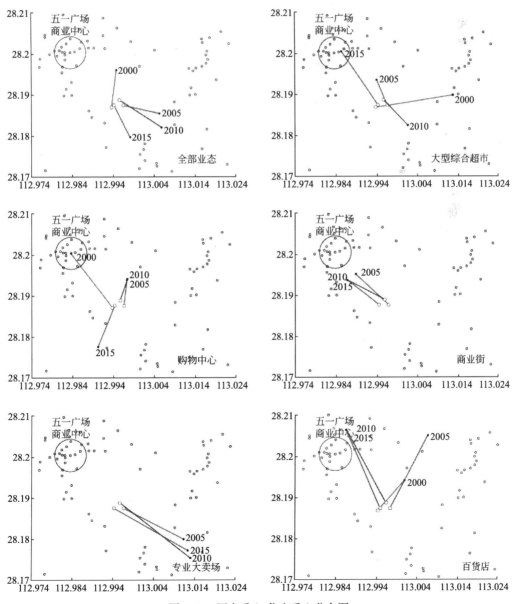

图 5-13　网点重心-住宅重心分布图

心点为网点重心和住宅重心邻近的商业网点，实心点为全部业态或各业态网点重心位置，小空心点为住宅重心位置。比较表 5-10 和表 5-12、图 5-12 和图 5-13 可以看出，各年度的人口重心位置与住宅重心位置基本一致，虽然住宅重心位置与商业网点中心位置的偏差类似于人口重心位置与商业网点中心位置的偏差，但还是有细微差别。2005 年以前，除了购物中心，其余业态的重心位置距离住宅重心的位置相较于业态重心位置与人口重心位置的距离更大一些，其中百货店的重心与住宅重心的距离是最远的，在 2km 以上。到 2010 年，只有购物中心和百货店的重心与住宅重心的距离比这两种业态重心与人口重心的距离略远一点。而 2010 年后只有专业大卖场的重心距住宅重心比距人口重心稍远一些了。

值得注意的是，很多大型零售商业网点是伴随着商品住宅的开发而配套建设起来的，房地产开发商特别青睐住宅和商业裙楼的大规模一体化开发模式，在吸引知名商业品牌入驻的同时，也吸引民众购买住宅，使得商业网点规模分布与住宅分布具有较强的配套关系。

综上所述，不论是人口分布还是住宅分布，商业网点规模分布与它们的吻合程度大体相当。但详细比较来看（比较表 5-10 和表 5-12），商业网点的重心位置与住宅重心位置的距离比与人口重心位置的距离更近一些，意味着商业网点规模分布与住宅的套数分布比与人口分布更为吻合。

（3）商业网点中心位置与人口重心位置的距离分析

对于 n 个商业网点 $c_1, c_2, \cdots, c_n$ 的位置为 (x_i^c, y_i^c)，所有商业网点的中心位置 (x^c, y^c) 为

$$x^c = \sum_{i=1}^{n} x_i^c / n, \qquad y^c = \sum_{i=1}^{n} y_i^c / n \qquad （式 5-4）$$

将附录 B 中商业网点位置代入式 5-4，求得各年度各业态商业网点的中心坐标如表 5-13 所示。

各年度各业态商业网点中心位置 表 5-13

业态序号	业态名称	2000 年	2005 年	2010 年	2015 年
1	大型综合超市	$(113.0128, 28.1899)$	$(112.9943, 28.1933)$	$(113.0030, 28.1815)$	$(112.9926, 28.1922)$
2	购物中心	$(112.9836, 28.2002)$	$(112.9893, 28.1942)$	$(112.9904, 28.1945)$	$(112.9892, 28.1875)$
3	商业街	—	$(112.9913, 28.1950)$	$(112.9882, 28.1909)$	$(112.9882, 28.1909)$
4	专业大卖场	—	$(113.0102, 28.1877)$	$(113.0102, 28.1850)$	$(113.0102, 28.1856)$
5	百货店	$(112.9964, 28.1959)$	$(113.0044, 28.2087)$	$(112.9861, 28.2059)$	$(112.9861, 28.2059)$
	全部业态	$(112.9968, 28.1957)$	$(113.0007, 28.1914)$	$(113.0013, 28.1872)$	$(112.9979, 28.1884)$

将表 5-9 和表 5-13 的数据代入式 5-3，求得各年度各业态中心位置与人口重心位置的距离如表 5-14 所示。

各业态中心位置与人口重心位置的距离 表 5-14

业态序号	业态名称	2000 年	2005 年	2010 年	2015 年
1	大型综合超市	1.90	0.55	1.10	0.63
2	购物中心	1.78	0.87	0.81	0.76

续表

业态序号	业态名称	2000 年	2005 年	2010 年	2015 年
3	商业街	—	0.83	0.83	0.91
4	专业大卖场	—	1.46	1.43	1.34
5	百货店	1.03	2.42	2.07	2.24
	全部业态	1.02	0.62	0.54	0.10

比较表 5-10 和表 5-14 可以看出，2000 年由于大型零售网点数量较少，全部业态的中心位置与人口重心位置还有一定的距离，但距离不大，在 1km 左右，大型综合超市的中心位置更远一些，近 2km。到了 2005 年，除了购物中心和百货店的中心位置距离人口重心位置比这两种业态的重心位置距离人口重心位置较远一点以外，其他业态的中心位置与人口的重心位置都比业态重心与人口重心的距离短，这说明其他业态的选址是根据人口的疏密程度而定的。到 2010 年，各业态中心位置与人口重心位置的距离又产生了变化，大型综合超市的中心向城市的东南部偏移，与人口重心的距离又拉大了。这段时期的超市发展迅速，希望通过网点吸引人群聚集，但其他业态的中心慢慢偏向人口重心，与人口重心的距离越来越近。到 2015 年，所有业态的中心距离人口重心位置都比业态重心距离人口重心的距离更近，但与 2010 年相比，商业街和百货店的中心与人口重心的距离略远了一些。这是由于从 2010～2015 年间商业街和百货店都没有增加，但人口重心位置稍有变化，所以距离有变化。

各年度各业态（全部业态）的网点中心位置与人口重心位置如图 5-14 所示，图中大空心点为网点中心和人口重心邻近的商业网点，实心点为全部业态或各业态网点中心位置，小空心点为人口重心位置。从图 5-14 可以看出，大型综合超市的区位选择是最接近人口密集区的，因为销售的多是生活必需品。其次是购物中心和商业街，因为主要经营的是鞋服等物品。购物中心还包括餐饮、娱乐等，与市民生活也很贴近，所以购物中心和商业街的中心位置距离人口重心位置比较近，其中购物中心又比商业街距人口重心的距离更近一点。而专业大卖场的区位设置更注重交通与场地，人口集中的地方反而没有足够土地供给粗大笨的商品。并且，去往专业大卖场的顾客目的性很强，去的频率相比超市来说小很多，所以专业大卖场的选址与人口重心的相关性不太强。百货店的数量逐渐减少，与人口分布相关性更低了。

综上所述，无论是全部业态还是每一种业态，网点中心与人口重心的距离比网点重心与人口重心的距离更短，也就是说，商业网点区位分布与人口分布比商业网点规模分布与人口分布更为吻合。

（4）商业网点中心位置与住宅重心位置的距离分析

从加纳模式和杜能的土地价值理论可见，对特定位置竞争性投标将决定活动区位的差异，商业机构和设施的不同规模、类型，从城市中心到边缘，按支付最大租金能力，可排列组成具有规律性的分布模式。不同空间位置中，商业空间和居住空间可呈现出不同结构特点和规模。

将表 5-11 和表 5-13 的数据代入式 5-3，求得各年度各业态中心位置与住宅重心位置的距离如表 5-15 所示。

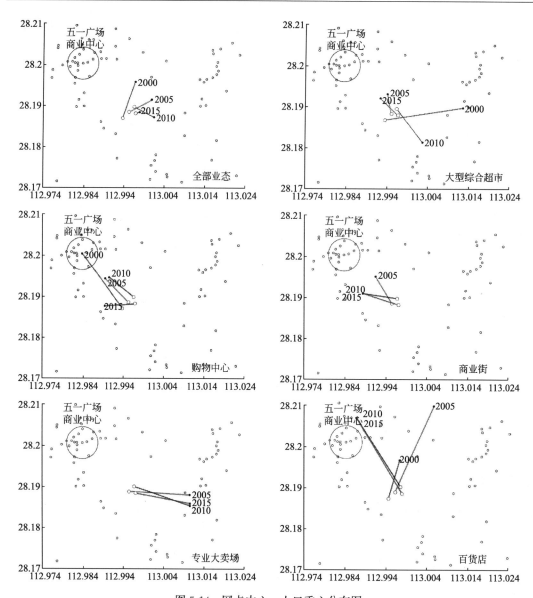

图 5-14　网点中心—人口重心分布图

各业态中心位置与住宅重心位置的距离（km）　　　　表 5-15

业态序号	业态名称	2000 年	2005 年	2010 年	2015 年
1	大型综合超市	1.90	0.69	1.07	0.56
2	购物中心	1.78	1.04	0.83	0.50
3	商业街	—	0.99	0.77	0.71
4	专业大卖场	—	1.33	1.48	1.58
5	百货店	1.03	2.48	2.13	2.20
	全部业态	1.02	0.59	0.58	0.36

比较表 5-14 和表 5-15 可以看出，大型零售商业网点中心与住宅重心的距离越来越近，

在 2005 年有四种业态的中心与住宅重心的距离比与人口重心的距离远，到了 2015 年只剩下专业大卖场这一种业态的中心与住宅重心的距离比与人口重心的距离远。比较表 5-12 和表 5-15 来看，大型零售商业网点的中心与住宅的重心距离比网点的重心与住宅的重心距离普遍更近。与网点中心和人口重心的距离相同，2000 年各业态的中心位置距离住宅重心位置都有 1km 以上，大型综合超市的距离仍然是最远的。到 2005 年，除了百货店以外，其余每一种业态的中心位置距离住宅的重心位置都比 2000 年有所接近。而 2000～2005 这段时间的百货店在减少，说明新增的大多数大型零售商业网点与住宅密集区更靠近。2005～2010 年间新建的大型综合超市大部分都在城市南部，所以大型综合超市的中心向南偏移明显。到 2010 年，除了大型综合超市和专业大卖场的中心位置与住宅重心位置略远了以外，其他业态中心与住宅重心的距离仍然在进一步减少。与商业网点中心距离人口重心位置相比，大型综合超市和商业街的区位更靠近住宅密集区。从 2005 年的数据来看，各业态商业网点的中心与住宅重心的距离比各业态重心与住宅重心的距离更近一些，说明大型零售商业网点的区位分布与住宅密度的相关度比规模分布与住宅密度的相关度更高。并且与业态中心与人口重心相比，只有专业大卖场的距离最远，这说明除了专业大卖场，其余业态的区位分布越来越靠近住宅密集区。

各年度各业态（全部业态）的网点中心位置与住宅重心位置如图 5-15 所示，图中大空心点为网点中心和住宅重心邻近的商业网点，实心点为全部业态或各业态网点中心位置，小空心点为住宅重心位置。由图 5-15 可见，购物中心、商业街和专业大卖场的中心位置整体在向南偏移，而超市的中心位置每年的方向都有变化，但最终都在向住宅密集区靠近。从以上分析来看，相比大型零售商业网点规模分布而言，网点的区位分布与人口、住宅密度分布的相关性更高一些，其中与住宅的密度更加相关，特别是大型综合超市、购物中心和商业街，住宅集中的区域这些业态的网点设置也较多，而专业大卖场的区位设置不太考虑人口和住宅的分布，离人口重心和住宅重心都较远，且中心位置没有太大变化，其区位靠近城市的物流集散地。

综上所述，不论是商业网点重心还是商业网点中心，都与住宅重心的偏差较小，与人口重心的偏差较大。对于商业网点重心和商业网点中心，分别与住宅重心的偏差比较而言，商业网点重心与住宅重心的偏差较大，商业网点中心与住宅重心的偏差较小。由此可见，商业网点的布局更注重空间的适配性，在结合空间和规模的综合适配性考量方面略有欠缺。

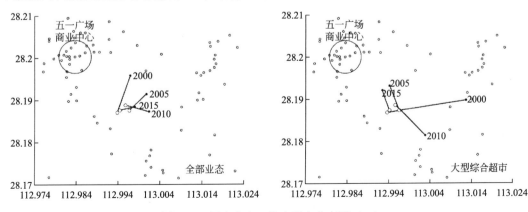

图 5-15　网点中心—住宅重心分布图（一）

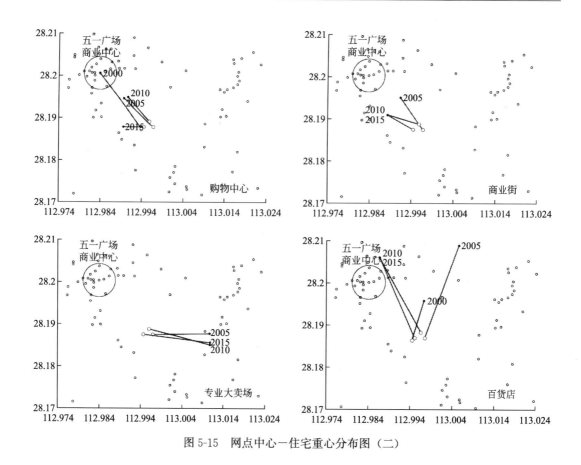

图 5-15　网点中心—住宅重心分布图（二）

5.5　小结

在商业网点规模分布演变方面，大型零售商业网点规模和数量的演变由几个快速发展期和平缓发展期构成，结合规模增量和网点数增量发现，新增网点的平均体量呈上升趋势。不同业态在不同时期的发展速度存在差异，大型综合超市的规模增长速度比较稳定；购物中心由数量快速增长向单体规模快速增长转化；商业街规模和数量前期发展较快，此后的发展速度几乎处于停滞状态；专业大卖场的规模通过快速增长后，一直处于缓慢增长状态；百货店作为传统业态类型，网点数量持续减少。

在商业网点区位分布演变方面，对于全部网点区位分布，其演变过程经历了三个阶段：第一阶段优先发展城市中心；第二阶段由中心逐步向外扩散；第三阶段为各区域商业网点聚集成区域中心。这是一个由单核心商业中心发展成为"一主多次"商业中心的演变过程。对于每一种业态的区位分布，其演变规律表现为：大型综合超市的区位分布比较均匀；购物中心区位分布以中心城区为主，逐步向周边扩展；商业街的区位分布主要在中心城区；专业大卖场除了经营粗大笨类型商品的网点主要布局在周边城区外，区位分布比较均匀；百货店保留的网点位置不变。

在商业网点分布与人口（住宅）分布的吻合度方面，其演变规律如下：

　　对于商业网点规模分布与人口分布，不论全部业态还是每一种业态，二者都比较吻合。大型综合超市和购物中心的网点规模分布与人口分布最为吻合；商业街因选址于繁华区域，规模重心更偏向城市中心区域；专业大卖场由于部分粗大笨商品属性，选址于物流快捷的城市东南部，规模重心偏向城市东南部。

　　对于商业网点规模分布与住宅分布，无论是全部业态还是每一种业态，商业网点重心位置与住宅重心位置的偏差，略小于商业网点重心位置与人口重心位置的偏差。由此可见，商业网点规模分布与住宅分布的吻合程度，高于商业网点规模分布与人口分布的吻合程度。

　　对于商业网点区位分布与人口分布，无论是全部业态还是每一种业态，商业网点中心位置与人口重心位置的偏差，都小于商业网点重心位置与人口重心位置的偏差。由此可见，商业网点区位分布与人口分布的吻合程度，高于商业网点规模分布与人口分布的吻合程度。

　　对于商业网点区位分布与住宅分布，无论是全部业态还是每一种业态，商业网点中心位置与住宅重心位置的偏差，都小于商业网点重心位置与人口重心位置的偏差。由此可见，商业网点区位分布与住宅分布的吻合程度，高于商业网点规模分布与住宅分布的吻合程度。

第6章 商业网点规模的合理性评价

借助于对哈夫模型的扩展，提出一种各年度各业态各网点的需求规模的估算方法，进而提出商业网点实际规模与需求规模的偏差分析方法。分别基于长沙各街道的人口数量、住宅套数和购物出行时间计算出来的商业网点的需求规模，对各年度各业态（全部业态）各商业网点的实际规模与需求规模进行相对偏差分析，对实际规模进行合理性评价。

6.1 哈夫模型的一般形式及其扩展

6.1.1 哈夫模型的一般形式

哈夫模型认为某一个商业网点对消费者的吸引力与该网点规模大小成正比，与到达该商业网点的出行时间的常数次方成反比（该常数是模型参数，需要根据具体问题进行标定）。各个商业网点对消费者的吸引力是存在差异的，为了描述这种差异性，哈夫教授根据各个商业网点对消费者的吸引力，定义了消费者到商业网点 j 购物的选择概率，这个概率等于商业网点 j 对消费者的吸引力占各个商业网点对消费者的全部吸引力的比例份额，即

$$p_j = \left(\frac{S_j}{T_j^\lambda}\right) \Big/ \sum_{k=1}^n \left(\frac{s_k}{T_k^\lambda}\right), \ j=1, \ 2, \ \cdots, \ n \qquad (\text{式 6-1})$$

其中，p_j——消费者到商业网点 j 购物的选择概率；

$\quad n$——商业网点的个数；

$\quad S_j$——商业网点 j 的规模，$j=1, \ 2, \ \cdots, \ n$；

$\quad T_j$——消费者到商业网点 j 购物的出行时间，$j=1, \ 2, \ \cdots, \ n$；

$\quad \lambda$——给定参数。

参数 λ 的标定是一项不容易的工作，简便起见，参考牛顿万有引力公式，规定 $\lambda=2$。不少应用（如日本通商产业省）都采用了这个简便的参数取值[105]。满足 $\sum_{j=1}^n \ p_j=1$。

6.1.2 哈夫模型的扩展形式

我们将针对具有一定人口数量和分布状况的居住区、具有一定规模和分布状况的商业网点，运用哈夫模型研究长沙城区的商业网点规模分布与人口（住宅）分布的互动规律。哈夫模型的几个运用要点如下：

（1）考虑多个居住区的哈夫模型

考虑多个居住区时，将以每一个居住区作为消费者的位置，分别运用哈夫模型求解每一个居住区的消费者对各个商业网点的选择概率。

对于 m 个居住区 $d_1, d_2, \cdots, d_m$，n 个商业网点 $c_1, c_2, \cdots, c_n$，考虑多个居住区

的哈夫模型具有如下形式：

$$p_{ij} = \left(\frac{S_j}{T_{ij}^2}\right) / \sum_{k=1}^{n} \left(\frac{s_k}{T_{ik}^2}\right), \quad i = 1, 2, \cdots, m, \quad j = 1, 2, \cdots, n \qquad (式 6\text{-}2)$$

其中，p_{ij}——居住区 i 的消费者到商业网点 j 购物的选择概率；

$\qquad m$——居住区的个数；

$\qquad n$——商业网点的个数；

$\qquad S_j$——商业网点 j 的规模，$j = 1, 2, \cdots, n$；

$\qquad T_{ij}$——从居住区 i 到商业网点 j 的购物出行时间，$i = 1, 2, \cdots, m$，$j = 1, 2,$
$\qquad\qquad \cdots, n$。

满足 $\sum_{j=1}^{n}$，$p_{ij} = 1$，$i = 1, 2, \cdots, m$。

（2）考虑多种商业业态的哈夫模型

哈夫模型的重要参数之一是各个商业网点的规模，即商业网点的面积；另一重要参数是商业网点的业态。我们讨论 4 种业态形式，包括大型综合超市、购物中心、商业街、专业大卖场等。当我们考虑多种商业业态时，必须分别针对各种业态运用哈夫模型求解消费者对不同商业网点的选择概率。

对于 m 个居住区 d_1，d_2，$\cdots$，d_m，n 个商业网点 c_1，c_2，$\cdots$，c_n，以及 l 个商业业态 s_1，s_2，$\cdots$，s_l，考虑多种业态和多个居住区的哈夫模型具有如下形式：

$$p_{ij}^k = \left(\frac{S_j \delta_j^k}{T_{ij}^2}\right) / \sum_{h=1}^{n} \left(\frac{S_h \delta_h^k}{T_{ih}^2}\right), \quad i = 1, 2, \cdots, m, \quad j = 1, 2, \cdots, n, \quad k = 1, 2, \cdots, l$$

$$(式 6\text{-}3)$$

其中，p_{ij}^k——居住区 i 选择业态 k 的消费者到商业网点 j 购物的选择概率；

$\qquad m$——居住区的个数；

$\qquad n$——商业网点的个数；

$\qquad l$——商业业态的个数；

$\qquad S_j$——商业网点 j 的规模，$j = 1, 2, \cdots, n$；

$\qquad T_{ij}$——从居住区 i 到商业网点 j 的购物出行时间，$i = 1, 2, \cdots, m$，$j = 1, 2,$
$\qquad\qquad \cdots, n$；

$\qquad \delta_j^k$——商业网点 j 是否属于业态 k 的属性，若商业网点 j 属于业态 k，则 $\delta_j^k = 1$，
$\qquad\qquad$ 否则 $\delta_j^k = 0$，$j = 1, 2, \cdots, m$，$k = 1, 2, \cdots, l$。

满足 $\sum_{j=1}^{n}$，$p_{ij}^k = 1$，$i = 1, 2, \cdots, m$，$k = 1, 2, \cdots, l$。

由于每一个商业网点的业态属性是唯一确定的（至少在同一时期是唯一确定的），所以

由式 6-3 知，当 $\delta_j^k = 0$ 时，$p_{ij}^k = 0$。或者说当且仅当 $\delta_j^k = 1$ 时，$p_{ij}^k > 0$。

（3）基于居住区常住人口规模的哈夫模型的运用

居住区最方便的划分方式就是按照街道划分。按照街道划分居住区时，可以非常方便地统计出每一个居住区的常住人口数量。我们认为消费者先按照一定比例选择商业业态购物，再在同种业态中选择商业网点购物，规模较大的商业网点吸引更多的消费者。

记 P_i，$i = 1, 2, \cdots, m$ 为居住区 i 的人口数，$q_k k = 1, 2, \cdots, l$ 为消费者选择业态

k 购物的比例。由此可知，居住区 i 选择业态 k 购物的人数为 $q_k P_i$。进而，选择商业网点 j 购物的总人数为

$$Q_j = \sum_{i=1}^{m} \sum_{k=1}^{l} (P_i q_k p_{ij}^k)$$

$$= \sum_{i=1}^{m} \sum_{k=1}^{l} \left[P_i q_k \left(\frac{S_j \delta_j^k}{T_{ij}^2} \right) \Big/ \sum_{h=1}^{n} \left(\frac{S_h \delta_h^k}{T_{ih}^2} \right) \right], \ j = 1, \ 2, \ \cdots, \ n \qquad \text{（式 6-4）}$$

设人均商业面积为 αm^2，根据各商业网点购物总人数，将每个网点购物人数转化为各商业网点需求规模 αQ_j。将各个商业网点的实际规模与需求规模进行比较，可以评价人口分布与各业态的商业网点分布的吻合程度。

（4）基于居住区住宅规模的哈夫模型的运用

每一个街道由若干居住区（或楼盘）组成，居住区（或楼盘）布局是商业网点布局的重要依据之一。根据《城市居住区规范 GB50180—93》（2016 版）中人均居住用地控制指标，平均折算系数为 $\beta = 3.2$ 人/套，可以获得目标年度居住区住宅满住率下的居民人数分布，即将住宅满住率下居住区住宅户数转化为人口数。

记 $D_i, i = 1, 2, \cdots, m$ 为居住区 i 的住宅套数，满住率下居住区 i 的人口数为

$$P_i = \beta D_i, \ i = 1, \ 2, \ \cdots, \ m \qquad \text{（式 6-5）}$$

依据街道所有住宅满住率下的人口数，运用式 6-4，可以获得选择商业网点 j 购物的总人数，进而获得商业网点的需求规模。通过比较各个商业网点的实际规模与需求规模，可以评价居住区住宅规模分布与各业态的商业网点分布的吻合程度。

运用哈夫模型估计已有网点的规模需求，看上去是根据"网点现有规模"求解"网点需求规模"（购物选择概率表达式中用到了网点现有规模），这似乎是一个悖论。其实，只要循环迭代，直至网点现有规模与网点需求规模相等为止，便可获得较为精确的网点需求规模。由于我们只需要比较粗略地掌握网点规模的过剩与不足情况，因此在计算网点需求规模的过程中将省略上述迭代过程。

6.2 基于扩展哈夫模型计算的网点需求规模

基于哈夫模型的扩展形式和 2000 年、2005 年、2010 年和 2015 年长沙城区零售商业空间的调查数据，分别根据各街道的常住人口数量和住宅套数，以及消费者选择业态的比例，计算出各年度的零售商业网点需求规模。

本研究仅限于 $5000m^2$ 及其以上的大中型零售网点，但消费者还会到 $5000m^2$ 以下的小型超市及便利店购物。由于小型超市及便利店数量庞大，我们不得不考虑小型超市及便利店。《长沙市城市商业网点布局规划（2005-2020）》（以下简称《规划》）中商业零售业态建设规划提出：小型超市（指 $5000m^2$ 以下）营业面积 $1000 \sim 3000m^2$，服务人口 1.5 万人左右；便利店营业面积 $100m^2$，每 3000 居住人口配置一家便利店。我们默认小型超市面积为 $2000m^2$，可以推出：1.5 万人需要 $2500m^2$ 的小型超市及便利店。根据每一年度人口数和 1.5 万人需要 $2500m^2$ 的折算标准，可以计算出当年按规划标准需要的小型超市及便利店面积，再加上当年的大型综合超市的面积，便计算出当年的超市总面积。进而可以计算出当年大型综合超市面积占超市面积的比例。将此比例乘以消费者在超市购物的比例为 62.16%（问卷调查获得），便获得了当年消费者在大型综合超市购物的比例。

对于人均商业面积，我们选择了国际上常用的 $\alpha = 1.2m^2$，但对大型综合超市的人均面积进行了调整：由于大型综合超市主要销售日常生活用品，商品体积不大，能够有效组织商品陈列和消费者购物流线，面积利用率非常之高，因此我们选择了人均面积 $0.5m^2$。

由于专业大卖场的性质特殊，营业面积大部分由销售的商品体积而定，如家具商场、机械市场等，不适用于采用人均商业面积的概念计算需求面积，本书将不分析专业大卖场的合理需求面积。

人口对应的商业网点需求规模（专业大卖场除外）统计表见附录 F。住宅套数对应的商业网点需求规模统计表见附录 G。

附录 F 和附录 G 具有相同的表结构，唯一的区别是：附录 F 是根据各街道的常住人口计算出来的，而附录 G 是根据各街道的住宅套数计算出来的。不仅将 4 个目标年度的需求规模都列在同一个表中，还将实际规模也列在同一个表中，能够非常方便地对它们进行观察和比较分析。

对附录 F 和附录 G 进行统计汇总得到表 6-1 和表 6-2。

按照人口计算的零售商业网点各业态的需求总规模（m²）　　表 6-1

业态序号	业态名称	2000 年	2005 年	2010 年	2015 年
1	大型综合超市	12783.2	188741.6	284991.1	367111.4
2	购物中心	611830.4	709107.6	824586.5	858210.3
3	商业街	0.0	173963.3	202293.4	222842.7
	合计	624613.6	1071812.5	1311871.0	1448164.4

按照住宅计算的零售商业网点各业态的需求总规模（m²）　　表 6-2

业态序号	业态名称	2000 年	2005 年	2010 年	2015 年
1	大型综合超市	12752.4	190706.8	323631.3	445518.1
2	购物中心	548012.0	737921.4	1265511.1	1517593.2
3	商业街	0.0	181032.1	310464.2	397355.1
	合计	560764.4	1109660.4	1899606.5	2460466.4

对比表 6-1 和表 6-2 可知，各种业态按照住宅计算的零售商业网点的需求规模都比按人口计算的需求规模多，特别是购物中心的需求规模，在 2005～2010 年间，按住宅计算的购物中心需求规模增量达到 500000m² 之多，说明该年度的住宅建设量较大，建设速度大于人口增长速度。2010 年后，按人口计算的购物中心需求规模增长了近 30000m²，而按住宅计算的需求规模却增长了 250000m²，达到人口计算需求规模的 8 倍之多。虽然按住宅计算的需求规模大于按人口计算的需求规模是合理的，因为住宅除了为常住人口提供栖息场所以外，还需要为大量外来人员提供长期住所，但住宅规模的合理性还需专项研究进一步探讨，本书不予赘述。

6.3 实际规模与需求规模的相对偏差计算方法

零售商业网点的实际区位分布与需求区位分布的吻合程度可以通过比较二者的相对偏

差来评价。设年度 y 零售商业网点 j 的实际规模和需求规模分别为

$$S_{j, y}^{实际}, S_{j, y}^{需求}: j=1, 2, \cdots, n, y=2000, 2005, 2010, 2015$$

实际规模和需求规模可以从多个指标进行吻合程度评价。具体评价方法如下：

（1）总量相对偏差

实际规模与需求规模的总量吻合程度是一个宏观评价指标，记年度 y 零售商业实际规模与需求规模的总量相对偏差为

$$\Delta^{总量}(y)-\left(\sum_{j=1}^{n} S_{j, y}^{实际}-\sum_{j=1}^{n} S_{j, y}^{需求}\right) / \sum_{j=1}^{n} S_{j, y}^{实际} \tag{式 6-6}$$

其中，$\Delta^{总量}(y)$ 表示实际总规模与需求总规模的偏差与实际总规模的比例，$\Delta^{总量}(y)<0$ 表示实际规模不足，$\Delta^{总量}(y)>0$ 表示实际规模过剩。$|\Delta^{总量}(y)|$ 越小表明实际总规模与需求总规模越接近。当然不足与过剩是相对的，我们虽然不进行不足与过剩的程度分析，但总量相对偏差 $\Delta^{总量}(y)$ 也足以提供总量吻合程度的信息。

（2）网点相对偏差

实际规模与需求规模的网点吻合程度是一个微观评价指标，记年度 y 零售商业实际规模与需求规模的网点相对偏差为

$$\Delta^{网点 j}(y)=(S_{j, y}^{实际}-S_{j, y}^{需求}) / S_{j, y}^{实际}, j=1, 2, \cdots, n \tag{式 6-7}$$

其中，$\Delta^{网点 j}(y)$ 表示网点 j 的实际规模与需求规模的偏差与网点实际规模的比例，$\Delta^{网点 j}(y)<0$ 表示实际规模不足，$\Delta^{网点 j}(y)>0$ 表示实际规模过剩。$|\Delta^{网点 j}(y)|$ 越小表明网点实际规模与需求规模越接近。

（3）全部网点平均相对偏差

实际规模与需求规模的全部网点吻合程度是一个宏观评价指标，记年度 y 零售商业网点实际规模与需求规模的全部网点平均相对偏差为

$$\Delta^{全网}(y)=\sum_{j=1}^{n}|S_{j, y}^{实际}-S_{j, y}^{需求}| / \sum_{j=1}^{n} S_{j, y}^{实际} \tag{式 6-8}$$

其中，$\Delta^{全网}(y)$ 表示全部网点的实际规模与需求规模的偏差绝对值之和与实际总规模的比例，$\Delta^{全网}(y) \geqslant 0$。

从 $\Delta^{全网}(y)$ 与 $\Delta^{总量}(y)$ 的定义，通过简单推导获得不等式恒成立：

$$|\Delta^{总量}(y)|=|\sum_{j=1}^{n} S_{j, y}^{实际}-\sum_{j=1}^{n} S_{j, y}^{需求}| / \sum_{j=1}^{n} S_{j, y}^{实际}$$
$$\leqslant \sum_{j=1}^{n}|S_{j, y}^{实际}-S_{j, y}^{需求}| / \sum_{j=1}^{n} S_{j, y}^{实际}=\Delta^{全网}(y)$$

我们还可以获得进一步的结论：

所有网点都满足 $\Delta^{网点 j}(y) \leqslant 0$，或者所有网点都满足 $\Delta^{网点 j}(y) \geqslant 0$ 的充分必要条件为：

$$\Delta^{全网}(y)=|\Delta^{总量}(y)| \tag{式 6-9}$$

只要将"所有网点都满足 $\Delta^{网点 j}(y) \leqslant 0$，或者所有网点都满足 $\Delta^{网点 j}(y) \geqslant 0$"解释为"所有网点实际规模都没有剩余，或者所有网点实际规模都没有不足"，可知"实际总规模没有剩余，或者实际总规模没有不足"，自然就可推出式 6-9 成立。

由"所有网点的实际规模都没有剩余，或者所有网点的实际规模都没有不足"，可以推出这样的结论："若总规模没有剩余，则每一个网点规模都没有剩余；若总规模没有不足，则每一个网点规模都没有不足"。在实际总规模已经确定的条件下，这个结论表明网

点规模的剩余或不足的状况与总规模是一致的，表明这样的网点规模分布具有一定的合理性，并且结论成立的先决条件可以通过式 6-9 获得。

（4）全部网点相对偏差范围

网点相对偏差范围是一个宏观评价指标，记全部网点相对偏差范围为

$$\min\{\Delta^{网点j}(y)\mid j=1,2,\cdots,n\},\quad \max\{\Delta^{网点j}(y)\mid j=1,2,\cdots,n\}$$

（式 6-10）

全部网点相对偏差范围 $\Delta^{范围}(y)>0$，$\Delta^{范围}(y)$ 越小表明各个网点规模剩余或不足的相对偏差没有很大差别，这也表明网点规模分布具有一定的合理性。

鉴于专业大卖场的需求面积不宜采用人均面积的方法计算，评价对象仅限于大型综合超市、商业中心和商业街。

6.4　基于人口的网点实际规模与需求规模的相对偏差

根据零售商业网点的实际规模（见附录 B）和人口对应的各网点需求规模（见附录 F），对总量和网点的相对偏差分析如下。

（1）基于人口的网点需求规模的总量相对偏差

利用式 6-6，求得各年度各业态基于人口的网点需求规模的总量相对偏差如表 6-3。

各年度各业态基于人口的网点需求规模的总量相对偏差　　　　表 6-3

业态序号	业态名称	2000 年	2005 年	2010 年	2015 年
1	大型综合超市	−0.83	−0.38	−0.23	−0.12
2	购物中心	−3.29	0.16	0.05	0.71
3	商业街	0.00	0.06	0.46	0.40
	全部业态	−3.17	−0.08	0.11	0.61

从表 6-3 看来，随着时间推移，大型综合超市的实际规模虽然普遍不足，但与需求规模相对偏差在不断缩小，由 2000 年偏差的 −0.83 减少至 2015 年的 −0.12，也就是说 2015 年大型综合超市不足规模是实际规模的 0.12 倍。购物中心的实际规模在 2000 年是普遍不足的，不足规模是实际规模的 3.29 倍。2005 年和 2010 年略有剩余，到 2015 年却大幅过剩，剩余规模是实际规模的 0.71 倍，并导致全部业态的剩余规模是实际规模的 0.61 倍。这说明在 2000～2015 年的 15 年内，购物中心的规模增长幅度很大。商业街从 2005 年基本合理，2010 年和 2015 年已经过渡到全面过剩状态，需求与实际规模偏差在 2010 年最大。但由于 2010～2015 年间没有增加新的商业街，所以到 2015 年商业街的规模偏差有所减少，剩余规模是实际规模的 0.46 倍。

总体来看，唯有大型综合超市规模不足，鉴于我们没考虑电商占有的市场份额，所以大型综合超市规模目前应该处于较合理状态。随着电子商务在消费市场中应用的普及，大型综合超市的市场规模也会逐渐过剩。而购物中心和商业街在不考虑电商影响的情况下已经有大量剩余规模，其中商业街在 2010 年后没有再继续增加网点，并且按照这种趋势，未来商业街的规模可能会减少。但购物中心在 2010～2015 年间不仅增加了很多网点，同时单个购物中心的体量都非常庞大，且就目前城市商业建设来看，购物中心还有网点个数

增加、单个网点规模增大的趋势，这样会使实际规模与需求规模的偏差进一步加大。

为了进一步了解哪些网点的实际规模不足，哪些过剩，我们计算了人口对应的每一个商业网点规模相对偏差，具体数据详见附录H。

从附录H可见，2000年所有大型零售商业网点的规模都是不足的，这时的零售商业网点建设刚刚起步。到2005年，在五一广场一带新增商业网点的规模普遍过剩，其中主要是购物中心，还包括少量商业街。大型综合超市虽然规模普遍不足，但以东塘周边的大型综合超市规模偏差最小，火车站周边的超市规模偏差最大。2005～2010年间新增了大量商业街与大型综合超市，其中新增商业街的规模普遍过剩，新增的大型综合超市规模与需求规模基本相当，所以到2010年大型综合超市的规模设置比较合理。2010～2015年新增了大量购物中心，且单个网点规模庞大，导致2015年购物中心的实际规模严重过剩，研究区内的48个购物中心就有46个的剩余规模达到实际规模的50%以上。

综合人口对应的各业态总量偏差（见表6-3）和各网点总量偏差（见附录H）可知，所有业态的总量偏差较大，处于规模过剩状态；大型综合超市部分网点规模过剩，部分规模不足，但总体规模处于少量不足状态；购物中心的总量相对偏差最大，尤其2015年新增的购物中心相对偏差都在0.5以上；商业街也处于规模过剩状态。

（2）需求规模相对偏差范围与最小最大的网点

利用式6-10，求得各年度各业态关于人口对应的需求规模相对偏差范围与最小最大的网点如表6-4所示。

对于表6-4的数据，以2005年购物中心为例说明如下：各网点规模相对偏差最小值等于-0.393，是93号网点，从附录B可以查出。93号网点名为运达广场，由于相对偏差最小值小于0，所以该网点规模不足，不足规模与实际规模的比例等于0.393；相对偏差最大值等于0.279，是77号网点，从附录B可以查出。77号网点名为通程商业广场，由于相对偏差最小值大于0，所以该网点规模过剩，过剩规模与实际规模的比例等于0.279。其他数据的含义相同，对各业态各网点规模的相对偏差分析如表6-4。

各年度各业态关于人口对应的相对偏差范围与最小最大的网点 表6-4

业态序号	业态名称	2000年	2005年	2010年	2015年
1	大型综合超市	[-0.826, -0.826] 43,43	[-0.922, -0.100] 49,54	[-1.086, 0.469] 49,31	[-1.428, 0.461] 49,31
2	购物中心	[-3.893, -2.903] 25,27	[-0.393, 0.279] 93,77	[-0.473, 0.225] 93,76	[0.357, 1.000] 93,83
3	商业街	—	[-0.062, 0.188] 15,20	[0.321, 0.578] 1,13	[0.280, 0.547] 1,13
全部业态		[-3.893, -0.826] 25,43	[-0.922, 0.279] 49,77	[-1.086, 0.578] 49,13	[-1.428, 1.000] 49,83

对于大型综合超市，2000年只有唯一的1个（网点个数见表5-2），即43号网点：家润多超市（朝阳店），偏差值唯一且实际规模不足；2005年的17个网点中，实际规模不足最大网点是49号：新一佳（火车站店），规模不足最小网点是54号：麦德龙超市；2010年的33个网点中，规模不足最大网点还是49号：新一佳（火车站店），规模过剩最大网

点是 31 号：步步高（星沙店）；2015 年的 41 个网点中，规模不足最大网点和规模过剩最大网点与 2010 年相同。

比较大型综合超市的相对偏差范围与网点可以看出，2005、2010 和 2015 年三个年度的规模不足最小网点都是新一佳（火车站店），说明该网点的规模较小而实际居住人口密度较大。同时从偏差值来看，这三个年度的实际规模小于需求规模且偏差值是递增的，说明火车站区域的大型综合超市的不足规模在增加，人口增长的速度比大型综合超市的规模增长速度快。另一方面，相对偏差的最大值显示，2000 年的规模不足逐渐转向 2010 年的规模过剩，到 2015 年仍然处于规模过剩状态。其中 2005 年的 54 号网点规模不足最小，表明 2005 年 54 号网点的需求面积与实际面积最接近。

对于购物中心，在 2000 年的 7 个网点中，25 号网点：通程金色家族的规模不足最大，27 号网点：西城百货大楼（现指南针商业广场）的规模不足最小。就偏差值来看，虽然 27 号网点的规模不足最小，但偏差达到了 -2.903。到 2005 年购物中心出现规模过剩，在 32 个网点中，规模不足最大网点是 93 号：运达广场，规模过剩最大网点是 77 号：通程商业广场；2010 年规模不足最大网点还是 93 号：运达广场，规模过剩最大网点是 76 号：长沙悦荟广场；在 2015 年的 48 个购物中心网点中，93 号：运达广场成为了规模过剩最小网点，规模过剩最大网点是 83 号：渔湾码头商业广场。

比较购物中心的相对偏差范围与网点可以看出，2000 年的网点规模普遍不足，说明该年度购物中心所处街道的实际居住人口较多，需求较大，而实际规模大量不足，其中最大相对偏差达到 -3.893；到 2005 年购物中心网点数量从 7 个增至 32 个，补充了城市居民的需求，规模不足最大网点与规模过剩最大网点的偏差值都接近 0；2010 年的偏差值与 2005 年相当，表明 2005 年和 2010 年实际居住人口的购物中心实际规模与需求规模是比较接近的；到 2015 年，购物中心增至 48 个（见表 5-2），出现规模普遍过剩的现象，且规模过剩最大网点的偏差值达到 1。

对于商业街，2000 年没有网点，至 2005 年增加 8 个网点（见表 5-2），其中规模不足最大的网点是 15 号：大都市商业街，规模过剩最大网点是 20 号：坡子街民俗美食街；2005～2010 年新增了 12 个网点，规模过剩最小网点是 1 号：清水塘文化艺术市场，规模过剩最大网点是 13 号：阜埠河路时尚艺术街；2010～2015 年没有新增商业街，规模过剩最小网点和规模过剩最大网点与 2010 年相同。

比较商业街的相对偏差范围与网点可以看出，2005 年的规模偏差最小，这一年度的实际居住人口对商业街的实际规模与需求规模最接近；到 2010 年，商业街规模普遍过剩，且过剩规模最大的网点偏差值在 0.5 以上；2015 年，虽然规模过剩最大和最小网点的偏差值略有减小，但商业街规模仍然是普遍过剩的。

从全部业态的相对偏差来看，2000 年城市零售商业网点建设刚进入起步阶段，商业网点实际规模普遍不足；2005 年规模不足最大的网点业态是大型综合超市，规模过剩最大的网点业态是购物中心，就偏差值来看，大型综合超市的偏差大于购物中心；2010 年，大型综合超市的不足规模增加，偏差值增大且超过了 -1，49 号网点仍是规模不足最大网点，而规模过剩最大网点转变成了 13 号商业街网点，偏差值为 0.578；2015 年，大型综合超市的不足规模继续增加，相对偏差达到 -1.428，购物中心又成为了规模过剩最大网点的业态类型，过剩偏差从 2010 年的 0.225 增加到了 2015 年的 1，增长了近 0.8。

综上所述，从基于人口的网点需求规模分布来看，在不考虑电子商务影响的情况下，大型综合超市的总规模略显不足，不足程度不断下降，各网点规模不足和过剩并存；购物中心和商业街的规模由部分不足发展成为普遍过剩，由于人口规模的增加且商业街规模保持不变，因此商业街规模总量过剩程度得到减缓。就目前城市商业网点建设来看，购物中心的建设仍在如火如荼地进行中，而购物中心规模已经出现大量过剩，因此对于未来购物中心建设规模的控制问题应该引起重视。

6.5 基于住宅的网点实际规模与需求规模的相对偏差

（1）基于住宅的网点需求规模的总量相对偏差

根据零售商业网点的实际规模（见附录2）和住宅对应的各网点需求规模（见附录7），分析各年度各业态零售商业实际规模与住宅对应的需求规模的总量相对偏差如表6-5所示。

各年度各业态基于住宅的网点需求规模的总量相对偏差　　　　　　表6-5

业态序号	业态名称	2000 年	2005 年	2010 年	2015 年
1	大型综合超市	−0.82	−0.39	−0.39	−0.36
2	购物中心	−2.84	0.13	−0.47	0.49
3	商业街	—	0.02	0.17	−0.07
	全部业态	−2.74	0.05	−0.29	0.36

从表6-5可以看出，在未考虑电商的情况下，住宅对应的大型综合超市规模一直处于不足状态，但相对偏差在逐渐缩小，由2000年的−0.82减少到2015年的−0.36。购物中心和商业街的规模处于波动状态。购物中心规模在2000年处于规模全面不足的状态，到2005年有少量过剩，2010年回到规模不足状态，偏差为−0.47；到2015年又处于规模过剩状态，偏差值为0.49；商业街由规模过剩转变为规模不足。

将表6-5和表6-3比较来看，2000年大型综合超市关于人口对应的总量相对偏差与住宅对应的相近，购物中心的人口对应的总量相对偏差比住宅对应的更大，即人口对应的不足规模大于住宅对应的不足规模，说明截至2000年止，购物中心的商业规模还不能满足人口和居住的需求，特别是不能满足常住人口的需求。2005年大型综合超市的人口和住宅对应的总量偏差仍然相近；购物中心和商业街的人口对应的总量相对偏差比住宅对应的略大，与2000年不同的是，购物中心的规模已经过剩，且人口对应的过剩规模大于住宅对应的过剩规模。2010年住宅对应的全部业态相对偏差显示总体规模不足，而人口对应的显示规模过剩；大型综合超市总量相对偏差与2005年持平，略高于人口对应的总量相对偏差；购物中心关于住宅对应的总量偏差为−0.47，实际规模处于不足的状态，而按人口对应的实际规模为0.05，规模略过剩；商业街仍处于规模过剩状态，但住宅对应的偏差值比人口对应的更小。2015年住宅对应的各业态相对偏差显示，只有购物中心的规模过剩，其他业态规模不足。与住宅对应的需求规模不同，人口对应的各业态相对偏差显示，除了大型综合超市的规模少量不足以外，其他业态都为规模过剩。

随着时间推移，实际规模与人口对应的需求规模的相对偏差的变化更平缓一些，偏差更大一些；实际规模与住宅对应的需求规模的相对偏差的波动更大一些，偏差更小一些。从住宅的角度表明（未考虑电商）：大型综合超市在 2005 年及其以前处于普遍不足的状态，但 2010 年及其以后，虽然总量略有不足，但各网点规模的剩余与不足并存。购物中心从 2010 年及其以前普遍不足过渡到 2015 年普遍过剩。商业街各网点始终处于剩余与不足并存状态。

利用式 6-7，求得住宅对应的每一个商业网点规模相对偏差，具体数据详见附录 9。

对比附录 8、附录 9 可以看出，与人口对应的规模相对偏差类似，2000 年所有住宅对应的商业网点规模都为不足状态。2005 年表现为新增的大型综合超市规模普遍不足；新增购物中心大部分网点规模过剩，主要是五一商业中心内的网点规模过剩；商业街实际规模与需求规模基本吻合。2010 年新增的大型综合超市依然普遍不足；购物中心各网点也显示出规模不足状态，导致购物中心规模总量不足；新增的商业街规模少量过剩，使商业街规模总量少量过剩。2015 年，41 个大型综合超市中只有 3 个网点规模过剩，其余网点规模全面不足；购物中心各网点规模全面过剩；商业街只有少量网点规模过剩，大部分网点规模不足。

综合住宅对应的各业态总量偏差和各网点总量偏差可知，所有业态的总量偏差波动过后处于规模过剩状态；大型综合超市大部分网点规模不足；购物中心的总量相对偏差最大，且规模普遍过剩；商业街处于规模略微不足的状态。

（2）需求规模相对偏差范围与最小最大的网点

利用式 6-10，求得各年度各业态关于住宅对应的需求规模相对偏差范围与最小最大的网点如表 6-6 所示。

表 6-6 内数据的含义与表 6-4 类似，对各业态各网点规模的相对偏差分析如表 6-6。

各年度各业态关于住宅对应的相对偏差范围与最小最大的网点 表 6-6

业态序号	业态名称	2000 年	2005 年	2010 年	2015 年
1	大型综合超市	[−0.822,−0.822] 43,43	[−1.065,−0.141] 49,54	[−1.440,0.329] 34,31	[−1.478,0.241] 49,31
2	购物中心	[−3.383,−2.496] 25,27	[−0.188,0.244] 93,77	[−0.995,−0.164] 75,76	[0.030,1.000] 79,83
3	商业街	—	[−0.154,0.147] 15,20	[−0.049,0.365] 8,13	[−0.321,0.177] 8,13
	全部业态	[−3.383,−0.822] 25,43	[−1.065,0.244] 49,77	[−1.440,0.365] 34,13	[−1.478,1.000] 49,83

对于大型综合超市，2000 年与人口对应的需求规模相对偏差最小最大的网点一致，偏差值唯一且实际规模不足，但偏差比人口对应的小；2005 年的需求规模相对偏差最小最大的网点一致，也与人口对应的一致，但偏差比人口对应的大；2010 年的 33 个网点中，规模不足最大网点是 34 号：恒生超市（桐梓坡路），规模过剩最大网点是 31 号：步步高（星沙店）；2015 年的 41 个网点中，规模不足最大网点为 49 号：新一佳（火车站店），规模过剩最大网点与 2010 年相同。

比较各年度大型综合超市的相对偏差范围与网点可以看出，大型综合超市的不足规模上升，过剩规模下降。49 号网点在 2005 年和 2015 年都是规模不足最大网点，而 2010 年规模不足网点是 34 号，说明 49 号网点周边的大型综合超市在 2010～2015 年间建设量不足，规模增长速度小于住宅建设速度。

对于购物中心，2000 年与人口对应的需求规模相对偏差最小最大的网点一致，规模不足最大网点为 25 号：通程金色家族，规模不足最小网点为 27 号：西城百货大楼（现指南针商业广场），就偏差值来看，偏差比人口对应的小；到 2005 年购物中心出现规模过剩，需求规模相对偏差最小最大的网点依然与人口对应的一致，但偏差范围比人口对应的小，也就是说住宅对应最大不足和过剩规模都分别小于人口对应最大不足和过剩规模；2010 年购物中心规模全面不足，规模不足最大网点是 75 号：凯德广场，规模不足最小网点是 76 号：长沙悦荟广场；在 2015 年的 48 个购物中心网点中，79 号：华盛世纪购物中心成为了规模过剩最小网点，规模过剩最大网点是 83 号：渔湾码头商业广场。

比较购物中心的相对偏差范围与网点可以看出，2000 年的网点规模普遍不足，最大相对偏差达到－3.383，但小于人口对应的最大偏差；到 2005 年购物中心网点数量增加，同时住宅建设速度加快，规模不足最大网点与规模过剩最大网点的偏差都比人口对应的偏差更小；2010 年，购物中心又回到规模普遍不足状态，说明 2005～2010 年间住宅套数增加速度大于购物中心规模增加速度；到 2015 年，购物中心出现规模普遍过剩的现象，且规模过剩最大网点的偏差值达到 1。

对于商业街，2000 年和 2005 年住宅对应的需求规模相对偏差最小最大的网点与人口对应的一致，但 2005 年住宅最大不足规模大于人口对应的最大不足规模，住宅对应的最大过剩规模小于人口对应的最大过剩规模；2010 年和 2015 年住宅对应的最大规模不足都是 8 号网点：橙子 498 街区，最大规模过剩网点是 13 号：阜埠河路时尚艺术街，由于该 5 年内没有新增商业街但住宅套数仍在增加，所以商业街不足规模增大，过剩规模减小。

比较商业街的相对偏差范围与网点可以看出，2005 年的规模偏差程度比较好，这一年度的实际居住人口对商业街的实际规模与需求规模最接近；到 2010 年，商业街不足规模减小，过剩规模在增加；2015 年，不足规模增大，过剩规模减小。

从全部业态的相对偏差来看，2000 年商业网点实际规模普遍不足；2005 年规模不足最大的网点业态是大型综合超市，规模过剩最大的网点业态是购物中心，就偏差值来看，大型综合超市的偏差大于购物中心；2010 年，大型综合超市的不足规模增加，规模不足最大网点由 2005 年的 49 号变成了 2010 年的 34 号，而规模过剩最大网点由 77 号购物中心转变成了 13 号商业街网点，偏差值为 0.365；2015 年，大型综合超市的不足规模继续增加，相对偏差达到－1.478，购物中心从 2010 年规模不足变为了 2015 年规模过剩状态，是规模过剩最大网点的业态类型。

综上所述，与基于人口的网点规模的不足和过剩状况相比，基于住宅的网点规模的不足和过剩状况轻微一些，是因为住宅满住人口数一定幅度地超过常住人口数，最大不足或过剩的网点多数相同，购物中心的实际规模过剩状况仍然非常突出。

研究表明：从基于人口的网点需求规模来看，在不考虑电子商务影响的情况下，大型综合超市的总规模略显不足，不足程度不断下降，各网点规模不足和过剩并存；购物中心和商业街的规模由部分不足演变为普遍过剩，由于人口规模的增加且商业街规模保持不变，因此商业街规模总量过剩程度得到减缓，但购物中心规模一直持续为过剩状态。与基于人口的网点规模的不足和过剩状况相比，基于住宅的网点规模的不足和过剩状况轻微一些，是因为住宅满住人口数一定幅度地超过常住人口数，最大不足或过剩的网点多数相同，商业街的规模处于基本合理状态，购物中心的实际规模过剩状况依然突出。

第7章 商业网点布局的合理性评价

借助于对哈夫模型的逆向扩展，提出各居住区人均购物资源的计算方法，进而提出各居住区人均购物资源分布差异的评价方法。分别基于长沙各街道人口数量、住宅套数和购物出行时间，计算出各年度各居住区的人均购物资源及其标准差、居住区关于各业态的人均购物资源与整个区域的人均购物资源的差值，对商业网点布局进行合理性评价。

7.1 网点布局的合理性评价方法

7.1.1 网点布局评价思路

商业网点布局最流行的评价方法之一是核密度法[106]，该方法的理论依据是参照核扩散的思想，将每一个商业网点的购物资源扩散分配到周边区域。在核物质扩散过程中，距离越远，衰减率越大，参照核扩散的衰减规律，获得每一个商业网点扩散分配到任一位置的购物资源。在任意空间位置，将各个商业网点扩散分配到这里的购物资源进行叠加，便可获得这一位置的购物资源总量，由此获得整个区域的购物资源分布。

用核密度法扩散分配获得的购物资源分布是一个连续分布，在每一个商业网点的位置，购物资源总量都为一个凸出点，网点之间形成一些沟壑，形式上类似地形图。一些学者用空间曲面来拟合这个连续分布曲面。

显然，核密度法具有递远递减的购物资源扩散分配规律：距离越远，衰减越大；同时，扩散分配的购物资源满足一定的总量约束。核密度法在匀质空间中是能够实现评价功能的。但是，核密度法最大的困难在于非匀质空间应用时，不仅分布曲面的结构非常复杂，而且难以满足购物资源的总量约束。

针对购物资源扩散叠加问题，不禁联想到我们在前一章借助于哈夫模型设计的商业网点规模合理性评价方法。该方法将各个居住区的购物人口按照一定规律吸引到各个商业网点，并在各个商业网点将其叠加汇总，形成商业网点的需求规模。反过来说，我们可以对哈夫模型进行逆向扩展，运用逆向扩展的哈夫模型将购物资源分配到每一个居住区，并在每个居住区将其叠加汇总，便可获得各个居住区的购物资源总量，通过比较各个居住区的购物资源，以此评价商业网点布局的合理性。

7.1.2 哈夫模型的逆向扩展

（1）商业网点将购物资源分配到各居住区的概率

为了将一个商业网点的购物资源分配到各个居住区，从逆向哈夫模型的思想出发，我们认为商业网点将购物资源分配到居住区的概率与居住区的人口数成正比，与居住区到该商业网点的出行时间的常数次方成反比（该常数是模型参数，需要根据具体问题进行标定）。定义这样的概率如下：

$$q_i = \left(\frac{P_i}{T_i^\lambda}\right) / \sum_{h=1}^{m}\left(\frac{P_h}{T_h^\lambda}\right), \quad i = 1, 2, \cdots, m \qquad \text{（式 7-1）}$$

其中，q_i：商业网点将购物资源分配到居住区 i 的概率；

      P_i：居住区 i 的人口，$i = 1, 2, \cdots, m$；

      T_i：居住区 i 到商业网点购物的出行时间，$i = 1, 2, \cdots, m$；

      λ：给定参数；

      m：居住区的个数。

参数 λ 与扩展哈夫模型的参数值相同，通常规定 $\lambda = 2$。满足 $\sum_{i=1}^{m} q_i = 1$。

（2）考虑多个商业网点的购物资源分配概率

考虑多个商业网点时，将以每一个商业网点作为购物资源的位置，求解各商业网点将购物资源分配到各居住区的概率。

对于 m 个居住区 $d_1, d_2, \cdots, d_m$，n 个商业网点 $c_1, c_2, \cdots, c_n$，各商业网点将购物资源分配到各居住区的概率如下：

$$q_{ij} = \left(\frac{P_i}{T_{ij}^2}\right) / \sum_{h=1}^{m}\left(\frac{P_h}{T_{hj}^2}\right), \quad i = 1, 2, \cdots, m, \; j = 1, 2, \cdots, n \qquad \text{（式 7-2）}$$

其中，q_{ij}：商业网点 j 将购物资源分配到居住区 i 的概率；

      P_i：居住区 i 的人口，$i = 1, 2, \cdots, m$；

      T_{ij}：居住区 i 到商业网点购物的出行时间，$i = 1, 2, \cdots, m$；

      m：居住区的个数；

      n：商业网点的个数。

满足 $\sum_{i=1}^{m} q_{ij} = 1$，$j = 1, 2, \cdots, n$。

7.1.3　各居住区人均购物资源的分布公式

在推导人均购物资源分布之前，先讨论什么是购物资源。商业网点的两个重要属性是商业网点的规模和区位，我们认为描述商业网点规模的面积和营业时间之积构成购物资源，其单位为 m²h。在购物资源的时空表示形式中，商业网点的面积是核心内容，体现了不同商业网点的差异；营业时间是次要的，相同业态商业网点的营业时间基本一致，营业时间相当于度量购物资源的一个比例参数，即使略去它也不影响评价结果。在下面的讨论中，我们以营业时间为 12h 计。

根据哈夫模型的逆向扩展形式，可以针对每一种业态，推导各居住区的人均购物资源分布公式。对于商业网点 j，由于其面积为 S_j，所以购物资源为 $12S_j$，分配到居住区 i 的购物资源为

$$E_{ij} = 12S_j q_{ij} = 12S_j\left(\frac{P_i}{T_{ij}^2}\right) / \sum_{h=1}^{m}\left(\frac{P_h}{T_{hj}^2}\right), \quad i = 1, 2, \cdots, m, \; j = 1, 2, \cdots, n$$

$$\text{（式 7-3）}$$

全部商业网点分配到居住区 i 的购物资源为

$$E_i = \sum_{j=1}^{n} 12S_j q_{ij} = 12\sum_{j=1}^{n} S_j \left(\frac{P_i}{T_{ij}^2}\right) \bigg/ \sum_{h=1}^{m}\left(\frac{P_h}{T_{hj}^2}\right), \quad i=1,2,\cdots,m \qquad (式 7\text{-}4)$$

居住区 i 的人均购物资源为

$$\overline{E}_i = E_i/P_i = \sum_{j=1}^{n} 12S_j q_{ij}/P_i = 12\sum_{j=1}^{n}\left(\frac{S_j}{T_{ij}^2}\right) \bigg/ \sum_{h=1}^{m}\left(\frac{P_h}{T_{hj}^2}\right), \quad i=1,2,\cdots,m$$

$$(式 7\text{-}5)$$

每一种业态 k 分配到居住区 i 的人均购物资源为

$$\overline{E}_i^k = \sum_{j=1}^{n} 12\delta_j^k S_j q_{ij}/P_i = 12\sum_{j=1}^{n}\left(\frac{\delta_j^k S_j}{T_{ij}^2}\right) \bigg/ \sum_{h=1}^{m}\left(\frac{P_h}{T_{hj}^2}\right), \quad i=1,2,\cdots,m \qquad (式 7\text{-}6)$$

其中，δ_j^k 为商业网点 j 是否属于业态 k 的属性，若商业网点 j 属于业态 k，则 $\delta_j^k=1$，否则 $\delta_j^k=0$，$j=1,2,\cdots,n$，$k=1,2,\cdots,l$。也就是说，若商业网点 j 属于业态 k，则面积 S_j 参与计算各居住区业态为 k 的购物资源，否则不参与计算。

公式 7-6 表示分业态的各居住区人均购物资源分布的计算公式。这个公式与核密度法存在显著区别，其一是连续与离散的表示形式的区别，核密度法是连续的，上述方法是离散的；其二是对非匀质空间的适应性，核密度法难以适应非匀质空间，上述方法容易适应非匀质空间；其三是描述的直观性，核密度法采用类比描述，上述方法采用直观描述；其四是计算简便性，核密度法的计算相对繁琐，上述方法的计算相对简单。

7.1.4　各居住区人均购物资源的分布偏差

在分业态的情形下，由式 7-6 获得分配到各居住区关于各业态的人均购物资源，可以根据这个分布结果对其分布离散程度进行评价。

最常用的离散程度评价方法，是各居住区人均购物资源的方差。根据概率论中方差的定义，在离散情形的方差计算中，先求解各居住区的人均购物资源与均值偏差的平方 $(\overline{E}_i^k - \overline{E}^k)^2$，再按人口权重 $P_i/\sum_{h=1}^{m} P_h$ 加权平均即可。由此获得业态 k 的人均购物资源分布的方差

$$D^k = \sum_{i=1}^{m} (\overline{E}_i^k - \overline{E}^k)^2 \left(P_i \bigg/ \sum_{h=1}^{m} P_h\right), \quad k=1,2,\cdots,l \qquad (式 7\text{-}7)$$

其中，$\overline{E}_i^k$ 为分配到居住区 i 的业态 k 人均购物资源，由公式 7-6 求解；

$$\overline{E}^k = \sum_{i=1}^{m} \overline{E}_i^k \left(P_i \bigg/ \sum_{h=1}^{m} P_h\right) = 12\sum_{i=1}^{m}\sum_{j=1}^{n} \delta_j^k S_j q_{ij} \bigg/ \sum_{h=1}^{m} P_h \qquad (式 7\text{-}8)$$

为整个区域内业态 k 的人均购物资源，$k=1,2,\cdots,l$；

$P_i/\sum_{h=1}^{m} P_h$ 为居住区 i 的人口占总人口的比例。

为标准化起见，通常采用 $\sqrt{D^k}$ 进行评价，称之为标准差。利用标准差 $\sqrt{D^k}$ 可以评价各个居住区购物资源分布的离散程度，进而可以评价商业网点布局的合理性。商业网点布局越合理，购物资源分布的离散程度越低，$\sqrt{D^k}$ 的值越小。

不同城市商业网点布局的合理性可以通过比较 $\sqrt{D^k}$ 的值区分出来，$\sqrt{D^k}$ 越小的城市，商业网点布局的合理性越好。对于一个城市中的一种业态而言，到底 $\sqrt{D^k}$ 的取值应

该在什么范围才是合理的，只能通过对大量城市的统计分析才能确定，就目前的研究深度来看还没法回答这个问题。

另一方面，比较每一个业态 k 分配到居住区的人均购物资源与整个区域的人均购物资源的差值 $\overline{E}_i^k - \overline{E}^k$，$i=1, 2, \cdots, m$，可以发现哪些居住区的购物资源相对富足，哪些居住区的购物资源相对匮乏。

7.2 基于人口的商业网点布局合理性评价

根据 2000 年、2005 年、2010 年和 2015 年零售商业网点的实际规模和业态属性（见附录 B）、各个街道的人口数（见附录 3），以及各个街道至各个商业网点的平均购物出行时间，根据式 7-6～式 7-8，求得基于人口的研究区域内关于各业态的人均购物资源及标准差如表 7-1 所示。

基于人口的关于各业态的人均购物资源及标准差　表 7-1

业态	区域人均购物资源 m²h				标准差			
	2000 年	2005 年	2010 年	2015 年	2000 年	2005 年	2010 年	2015 年
大型综合超市	0.13	1.08	1.45	1.74	0.11	0.77	0.73	0.73
购物中心	0.31	4.69	4.55	14.54	0.48	5.98	6.32	7.80
商业街	—	1.84	3.05	2.77	—	3.10	4.23	3.04
专业大卖场	—	14.02	13.58	13.15	—	7.18	6.37	5.19

从表 7-1 中各街道标准差可以看出，各街道关于大型综合超市的标准差最小，表明大型综合超市整体与街道的人口分布相吻合；商业街的标准差相比大型综合超市大了不少，但相比购物中心和专业大卖场的标准差仍然小一些，商业街的购物资源分布与街道的人口分布的偏差次之；购物中心和专业大卖场的标准差最大，与街道的人口分布的偏差也最大。

根据式 7-6～式 7-8 求得的各街道关于大型综合超市的人均购物资源如表 7-2 所示。

基于人口的各街道关于大型综合超市的人均购物资源 m²h　表 7-2

街道序号	街道名称	人均购物资源				人均购物资源与均值的差			
		2000 年	2005 年	2010 年	2015 年	2000 年	2005 年	2010 年	2015 年
1	解放路街道	0.20	1.89	2.09	2.21	0.07	0.81	0.64	0.48
2	府后街道	0.13	1.27	1.46	2.06	−0.01	0.19	0.02	0.33
3	都正街道	0.24	1.50	1.80	1.96	0.11	0.42	0.35	0.22
4	浏正街道	0.21	2.06	2.33	2.63	0.07	0.98	0.89	0.89
5	文艺路街道	0.33	1.51	1.81	1.95	0.20	0.43	0.37	0.22
6	朝阳街道	0.55	1.49	1.82	1.87	0.42	0.41	0.37	0.13
7	韭菜园街道	0.20	1.31	2.64	2.81	0.06	0.24	1.19	1.07
8	五里牌街道	0.42	2.10	2.33	2.31	0.29	1.02	0.88	0.57
9	湘湖街道	0.24	1.31	1.62	1.82	0.11	0.24	0.17	0.08

续表

街道序号	街道名称	人均购物资源				人均购物资源与均值的差			
		2000 年	2005 年	2010 年	2015 年	2000 年	2005 年	2010 年	2015 年
10	火星街道	0.19	0.94	1.33	1.58	0.06	−0.14	−0.12	−0.16
11	东屯渡街道	0.13	0.62	1.18	1.43	0.00	−0.45	−0.27	−0.30
12	马王堆街道	0.15	0.75	1.23	1.48	0.01	−0.32	−0.22	−0.26
13	东岸街道	0.12	0.48	0.87	1.07	−0.02	−0.59	−0.58	−0.67
14	坡子街街道	0.18	1.78	1.99	2.09	0.05	0.70	0.54	0.35
15	学院街街道	0.21	2.48	2.73	2.54	0.07	1.40	1.28	0.80
16	城南路街道	0.20	1.81	2.20	2.14	0.07	0.73	0.75	0.41
17	书院路街道	0.20	1.20	1.48	1.57	0.06	0.12	0.03	−0.16
18	裕南街街道	0.12	0.79	1.14	1.32	−0.01	−0.28	−0.31	−0.41
19	金盆岭街道	0.12	0.99	1.54	1.42	−0.01	−0.09	0.09	−0.31
20	新开铺街道	0.06	0.49	1.15	1.25	−0.07	−0.59	−0.30	−0.48
21	青园街道	0.04	0.40	1.09	1.07	−0.09	−0.68	−0.35	−0.67
22	桂花坪街道	0.03	0.26	0.55	0.68	−0.10	−0.81	−0.89	−1.05
23	侯家塘街道	0.20	3.13	3.42	3.12	0.07	2.05	1.97	1.39
24	东塘街道	0.13	1.13	1.74	1.72	0.00	0.05	0.30	−0.02
25	左家塘街道	0.32	2.07	2.55	2.41	0.19	0.99	1.10	0.67
26	砂子塘街道	0.17	2.08	2.59	2.28	0.04	1.00	1.14	0.55
27	高桥街道	0.17	0.62	1.49	1.70	0.03	−0.46	0.04	−0.03
28	雨花亭街道	0.08	0.50	1.44	1.24	−0.05	−0.58	−0.01	−0.50
29	圭塘街道	0.04	0.28	0.94	0.76	−0.09	−0.80	−0.51	−0.98
30	洞井街道	0.03	0.25	0.77	0.74	−0.10	−0.83	−0.68	−0.99
31	通泰街街道	0.10	1.98	2.05	2.41	−0.03	0.90	0.60	0.67
32	望麓园街道	0.14	1.29	1.51	2.21	0.01	0.21	0.07	0.47
33	清水塘街道	0.23	1.45	1.72	2.05	0.09	0.37	0.28	0.31
34	湘雅路街道	0.12	1.27	1.37	1.88	−0.02	0.19	−0.07	0.14
35	新河街道	0.08	1.72	1.72	2.20	−0.05	0.64	0.27	0.46
36	东风路街道	0.12	1.35	1.43	2.69	−0.01	0.27	−0.01	0.96
37	伍家岭街道	0.06	1.17	1.22	1.61	−0.07	0.09	−0.23	−0.12
38	四方坪街道	0.09	3.98	3.40	2.95	−0.04	2.91	1.95	1.21
39	洪山街道	0.06	0.93	1.10	1.62	−0.07	−0.15	−0.35	−0.12
40	芙蓉北路街道	0.06	0.74	0.83	1.98	−0.08	−0.34	−0.62	0.25
41	捞刀河街道	0.05	0.76	0.91	1.41	−0.08	−0.32	−0.54	−0.33
42	银盆岭街道	0.05	1.07	1.97	4.88	−0.09	−0.01	0.52	3.14
43	望月湖街道	0.06	1.12	1.21	1.63	−0.07	0.04	−0.24	−0.11
44	桔子洲街道	0.04	0.49	0.71	1.17	−0.09	−0.59	−0.74	−0.57

街道序号	街道名称	人均购物资源				人均购物资源与均值的差			
		2000 年	2005 年	2010 年	2015 年	2000 年	2005 年	2010 年	2015 年
45	西湖街道	0.05	0.60	0.72	1.50	−0.08	−0.47	−0.73	−0.24
46	咸嘉湖街道	0.04	0.54	0.64	1.94	−0.10	−0.54	−0.80	0.20
47	望城坡街道	0.03	0.46	0.59	1.54	−0.10	−0.62	−0.86	−0.20
48	岳麓街道	0.04	0.36	0.57	1.03	−0.10	−0.72	−0.88	−0.71
49	观沙岭街道	0.04	0.72	0.87	1.94	−0.09	−0.36	−0.58	0.20
50	望岳街道	0.03	0.50	0.59	1.62	−0.11	−0.58	−0.86	−0.12
51	天顶街道	0.03	0.32	0.40	1.01	−0.11	−0.76	−1.05	−0.73
52	东方红镇	0.02	0.19	0.25	0.67	−0.12	−0.89	−1.20	−1.06
53	梅溪湖街道	—	—	0.30	0.69			−1.14	−1.05

由表 7-2 可见，基于人口的各个街道大型综合超市人均购物资源与整个区域的人均购物资源的差值 $\overline{E}_i^k - \overline{E}^k$ 普遍较小。就差值 $\overline{E}_i^k - \overline{E}^k$ 超过 $1.00\text{m}^2\text{h}$ 的网点个数来看，2000 年为 0 个，2005 年为 5 个，2010 年为 6 个，2015 年为 4 个。最大差值为 $3.14\text{m}^2\text{h}$，出现在 2015 年的望月湖街道，最小差值 $-1.2\text{m}^2\text{h}$，出现在 2010 年的东方红镇。

另一方面，各年度累计差值 $\overline{E}_i^k - \overline{E}^k$ 小于 0 的街道共 111 个，大于 0 的街道共 97 个，等于 0 的街道 2 个。差值 $\overline{E}_i^k - \overline{E}^k$ 大于 0 的街道数比小于 0 的街道数较多是必然规律，但其差值仅为 $111 - 97 = 14$ 个，表明大型综合超市的分布与各街道人口分布吻合得很好，而且大型综合超市的数量较多。

再看基于人口的各街道关于购物中心的人均购物资源（见表 7-3）。

基于人口的各街道关于购物中心的人均购物资源m²h 表 7-3

街道序号	街道名称	人均购物资源				人均购物资源与均值的差			
		2000 年	2005 年	2010 年	2015 年	2000 年	2005 年	2010 年	2015 年
1	解放路街道	1.65	12.52	13.90	25.10	1.33	7.83	9.35	10.56
2	府后街道	1.94	39.34	41.02	41.90	1.63	34.64	36.47	27.36
3	都正街道	1.43	9.66	10.28	18.79	1.12	4.97	5.73	4.25
4	浏正街道	1.68	11.79	13.47	23.09	1.37	7.10	8.92	8.54
5	文艺路街道	0.78	7.12	8.02	15.64	0.47	2.43	3.47	1.10
6	朝阳街道	0.47	6.54	7.67	15.72	0.15	1.84	3.12	1.18
7	韭菜园街道	0.82	7.79	9.22	17.50	0.50	3.10	4.67	2.95
8	五里牌街道	0.32	11.51	11.97	19.81	0.01	6.82	7.42	5.26
9	湘湖街道	0.23	4.61	4.84	13.26	−0.09	−0.08	0.28	−1.29
10	火星街道	0.19	4.32	4.31	12.15	−0.13	−0.37	−0.24	−2.39
11	东屯渡街道	0.15	4.66	4.44	10.96	−0.16	−0.03	−0.12	−3.58
12	马王堆街道	0.16	5.79	5.38	12.72	−0.16	1.10	0.83	−1.82
13	东岸街道	0.09	3.03	2.88	8.36	−0.22	−1.66	−1.67	−6.18

续表

街道序号	街道名称	人均购物资源				人均购物资源与均值的差			
		2000 年	2005 年	2010 年	2015 年	2000 年	2005 年	2010 年	2015 年
14	坡子街街道	1.23	12.79	14.24	31.00	0.91	8.10	9.69	16.46
15	学院街街道	0.76	7.01	7.51	16.13	0.45	2.32	2.96	1.59
16	城南路街道	1.00	7.97	8.47	15.51	0.69	3.28	3.92	0.97
17	书院路街道	0.53	5.28	5.50	13.00	0.22	0.59	0.95	−1.54
18	裕南街街道	0.31	3.94	3.98	12.11	−0.01	−0.75	−0.57	−2.43
19	金盆岭街道	0.18	3.75	3.81	13.63	−0.13	−0.94	−0.74	−0.91
20	新开铺街道	0.12	2.43	2.52	12.05	−0.19	−2.26	−2.03	−2.49
21	青园街道	0.06	1.86	1.95	14.16	−0.25	−2.84	−2.61	−0.38
22	桂花坪街道	0.06	1.41	1.45	11.15	−0.25	−3.28	−3.11	−3.39
23	侯家塘街道	0.35	5.62	5.70	13.45	0.03	0.93	1.14	−1.09
24	东塘街道	0.16	4.93	4.98	14.99	−0.15	0.24	0.42	0.44
25	左家塘街道	0.19	5.84	5.76	13.34	−0.12	1.15	1.20	−1.20
26	砂子塘街道	0.20	6.18	6.09	14.77	−0.12	1.49	1.53	0.23
27	高桥街道	0.10	6.40	5.89	12.88	−0.21	1.71	1.33	−1.67
28	雨花亭街道	0.08	2.91	2.74	19.91	−0.24	−1.78	−1.82	5.36
29	圭塘街道	0.04	1.49	1.44	15.89	−0.27	−3.20	−3.11	1.34
30	洞井街道	0.04	1.44	1.42	14.51	−0.28	−3.25	−3.14	−0.03
31	通泰街街道	1.32	18.92	18.94	26.22	1.01	14.23	14.39	11.67
32	望麓园街道	0.86	9.01	9.46	21.67	0.55	4.32	4.91	7.12
33	清水塘街道	0.85	8.07	9.18	19.33	0.54	3.38	4.62	4.78
34	湘雅路街道	0.42	4.92	5.17	14.52	0.11	0.23	0.62	−0.02
35	新河街道	0.32	3.89	4.06	12.89	0.00	−0.80	−0.49	−1.66
36	东风路街道	0.31	4.31	4.50	13.95	0.00	−0.38	−0.05	−0.59
37	伍家岭街道	0.20	3.13	3.19	10.61	−0.12	−1.57	−1.37	−3.93
38	四方坪街道	0.12	2.53	2.58	9.87	−0.19	−2.16	−1.98	−4.67
39	洪山街道	0.08	1.92	2.00	9.44	−0.24	−2.77	−2.55	−5.10
40	芙蓉北路街道	0.14	2.10	2.14	13.33	−0.17	−2.59	−2.41	−1.21
41	捞刀河街道	0.07	1.69	1.77	8.51	−0.24	−3.00	−2.78	−6.03
42	银盆岭街道	0.24	3.18	3.22	51.03	−0.07	−1.52	−1.34	36.49
43	望月湖街道	0.32	4.90	5.04	12.45	0.01	0.21	0.49	−2.09
44	桔子洲街道	0.18	2.61	2.68	10.81	−0.13	−2.08	−1.87	−3.74
45	西湖街道	0.33	3.41	3.47	11.99	0.02	−1.28	−1.09	−2.55
46	咸嘉湖街道	0.17	2.10	2.17	10.67	−0.15	−2.59	−2.38	−3.88
47	望城坡街道	0.17	2.06	2.13	11.04	−0.15	−2.63	−2.42	−3.51
48	岳麓街道	0.12	1.88	1.93	12.49	−0.19	−2.81	−2.62	−2.05

续表

街道序号	街道名称	人均购物资源				人均购物资源与均值的差			
		2000 年	2005 年	2010 年	2015 年	2000 年	2005 年	2010 年	2015 年
49	观沙岭街道	0.16	2.29	2.33	11.78	−0.16	−2.40	−2.23	−2.77
50	望岳街道	0.12	1.69	1.77	9.38	−0.20	−3.00	−2.79	−5.16
51	天顶街道	0.11	1.54	1.56	11.77	−0.21	−3.15	−2.99	−2.78
52	东方红镇	0.06	0.85	0.88	8.22	−0.25	−3.84	−3.68	−6.32
53	梅溪湖街道	—	—	0.90	6.72			−3.66	−7.82

由表 7-3 可见，各个街道关于购物中心的人均购物资源与整个区域的人均购物资源的差值 $\overline{E_i^k} - \overline{E^k}$ 相对较大。就差值 $\overline{E_i^k} - \overline{E^k}$ 的绝对值超过 5.00m²h 的网点个数来看，2000 年为 0 个，2005 年为 6 个，2010 年为 7 个，2015 年为 15 个。最大差值为 36.49m²h，出现在 2015 年的银盆岭街道，最小差值为 −7.28m²h，出现在 2015 年的梅溪湖街道。

另外，各年度累计差值 $\overline{E_i^k} - \overline{E^k}$ 小于 0 的街道共 123 个，大于 0 的街道共 85 个，等于 0 的街道 2 个。差值 $\overline{E_i^k} - \overline{E^k}$ 大于 0 的街道数与小于 0 的街道数的差值为 38 个，表明购物中心的分布集中。

从表 7-3 中的差值 $\overline{E_i^k} - \overline{E^k}$ 来看，在 2015 年以前，差值大于 0 的街道集中分布于城市中心区域的五一广场周边，差值小于 0 的街道集中分布于城市周边，说明 2015 年前购物中心分布更集中于城市中心。2015 年，差值偏大的区域转向城市西北部，表明该区域关于购物中心的购物资源增加速度大于人口增加速度。结合第 5 章所述："人口分布密集区不在城市最中心区域，而是城市中心临近区域"，可知关于购物中心的购物资源分布与人口分布的吻合程度不高。

综上所述，关于大型综合超市的购物资源分布与人口分布的吻合程度较高，关于购物中心的购物资源与人口分布的吻合程度较低，大型综合超市的分布较分散，而购物中心的分布过于集中。

7.3 基于住宅的商业网点布局合理性评价

当给定每个街道的住宅数时，根据《城市居住区规范 GB50180—93》（2016 版）中人均居住用地控制指标，平均折算系数为 3.2 人/套，可以获得各街道住宅满住率下的人口数。进而依据式 7-6～式 7-8 求得各街道人均购物资源及统计分析指标。

根据 2000 年、2005 年、2010 年和 2015 年零售商业网点的实际规模和业态属性（见附录 2）、各个街道的住宅套数（见附录 4），可求得研究区域内基于住宅的关于各业态的人均购物资源及标准差如表 7-4 所示。

基于住宅的关于各业态的人均购物资源及标准差　　　　　　　表 7-4

业态	区域人均购物资源m²h				标准差			
	2000 年	2005 年	2010 年	2015 年	2000 年	2005 年	2010 年	2015 年
大型综合超市	0.15	1.04	0.94	0.97	0.12	0.79	0.57	0.47
购物中心	0.35	4.51	2.97	8.16	0.53	6.54	5.37	4.95

续表

业态	区域人均购物资源m²h				标准差			
	2000 年	2005 年	2010 年	2015 年	2000 年	2005 年	2010 年	2015 年
商业街	—	1.77	1.99	1.55	—	3.15	3.32	2.19
专业大卖场	—	13.47	8.85	7.38	—	6.84	4.49	3.01

从表 7-4 中各街道标准差可以看出，基于住宅的各街道关于大型综合超市的标准差最小，商业街次之，购物中心和专业大卖场最大，这与基于人口的各街道标准差特征基本一致，但各业态基于住宅的标准差普遍较小。

根据式 7-6～式 7-8 求得的基于住宅的各街道关于大型综合超市的人均购物资源如表 7-5 所示。

基于住宅的各街道关于大型综合超市的人均购物资源m²h　　表 7-5

街道序号	街道名称	人均购物资源				人均购物资源与均值的差			
		2000 年	2005 年	2010 年	2015 年	2000 年	2005 年	2010 年	2015 年
1	解放路街道	0.23	1.88	1.52	1.42	0.08	0.84	0.58	0.45
2	府后街街道	0.14	1.30	1.08	1.29	−0.01	0.26	0.13	0.31
3	都正街街道	0.27	1.50	1.30	1.23	0.12	0.46	0.36	0.26
4	浏正街街道	0.23	2.09	1.72	1.66	0.08	1.05	0.78	0.69
5	文艺路街道	0.37	1.50	1.31	1.22	0.22	0.46	0.36	0.24
6	朝阳街街道	0.62	1.46	1.29	1.16	0.47	0.42	0.35	0.19
7	韭菜园街道	0.22	1.32	2.16	2.01	0.07	0.28	1.22	1.03
8	五里牌街道	0.47	2.03	1.69	1.44	0.33	0.99	0.75	0.47
9	湘湖街道	0.27	1.30	1.17	1.11	0.12	0.26	0.23	0.14
10	火星街道	0.21	0.92	0.94	0.95	0.06	−0.11	0.00	−0.02
11	东屯渡街道	0.14	0.61	0.82	0.87	0.00	−0.42	−0.13	−0.10
12	马王堆街道	0.16	0.74	0.86	0.90	0.01	−0.29	−0.08	−0.08
13	东岸街道	0.13	0.48	0.60	0.64	−0.02	−0.56	−0.34	−0.33
14	坡子街街道	0.21	1.76	1.45	1.33	0.06	0.72	0.50	0.35
15	学院街街道	0.23	2.44	2.01	1.72	0.08	1.40	1.06	0.75
16	城南路街道	0.22	1.79	1.60	1.39	0.07	0.76	0.65	0.42
17	书院路街道	0.22	1.19	1.06	1.00	0.07	0.16	0.12	0.03
18	裕南街街道	0.14	0.79	0.80	0.82	−0.01	−0.25	−0.14	−0.15
19	金盆岭街道	0.14	0.97	1.06	0.88	−0.01	−0.06	0.12	−0.10
20	新开铺街道	0.07	0.49	0.78	0.76	−0.08	−0.55	−0.16	−0.21
21	青园街道	0.04	0.39	0.72	0.64	−0.10	−0.64	−0.22	−0.34
22	桂花坪街道	0.03	0.26	0.37	0.41	−0.11	−0.77	−0.57	−0.57
23	侯家塘街道	0.22	3.37	2.74	2.27	0.07	2.33	1.80	1.30
24	东塘街道	0.15	1.09	1.18	1.04	0.00	0.05	0.24	0.07

续表

街道序号	街道名称	人均购物资源				人均购物资源与均值的差			
		2000 年	2005 年	2010 年	2015 年	2000 年	2005 年	2010 年	2015 年
25	左家塘街道	0.36	1.94	1.78	1.59	0.21	0.91	0.83	0.61
26	砂子塘街道	0.19	2.02	1.85	1.46	0.04	0.98	0.90	0.48
27	高桥街道	0.19	0.61	1.02	1.04	0.04	−0.43	0.08	0.07
28	雨花亭街道	0.09	0.49	0.95	0.74	−0.06	−0.55	0.01	−0.23
29	圭塘街道	0.05	0.27	0.61	0.45	−0.10	−0.76	−0.33	−0.52
30	洞井街道	0.04	0.25	0.50	0.44	−0.11	−0.79	−0.44	−0.54
31	通泰街街道	0.11	2.57	1.92	1.71	−0.03	1.53	0.98	0.74
32	望麓园街道	0.16	1.31	1.11	1.33	0.01	0.28	0.16	0.36
33	清水塘街道	0.25	1.46	1.26	1.27	0.10	0.43	0.32	0.30
34	湘雅路街道	0.13	1.31	1.00	1.13	−0.02	0.27	0.06	0.16
35	新河街道	0.09	1.78	1.25	1.32	−0.06	0.74	0.31	0.35
36	东风路街道	0.13	1.35	1.02	1.88	−0.02	0.32	0.08	0.91
37	伍家岭街道	0.07	1.18	0.87	0.96	−0.08	0.15	−0.07	−0.01
38	四方坪街道	0.11	3.92	2.40	1.73	−0.04	2.88	1.46	0.75
39	洪山街道	0.07	0.91	0.77	0.93	−0.08	−0.12	−0.18	−0.04
40	芙蓉北路街道	0.06	0.74	0.58	1.10	−0.09	−0.30	−0.36	0.13
41	捞刀河街道	0.06	0.75	0.63	0.81	−0.09	−0.29	−0.31	−0.16
42	银盆岭街道	0.05	1.06	1.27	2.63	−0.10	0.02	0.32	1.66
43	望月湖街道	0.07	1.11	0.86	0.98	−0.08	0.07	−0.08	0.00
44	橘子洲街道	0.05	0.49	0.50	0.71	−0.10	−0.55	−0.45	−0.27
45	西湖街道	0.06	0.60	0.51	0.87	−0.09	−0.44	−0.44	−0.10
46	咸嘉湖街道	0.04	0.54	0.44	1.08	−0.11	−0.50	−0.50	0.11
47	望城坡街道	0.04	0.46	0.41	0.89	−0.11	−0.58	−0.53	−0.08
48	岳麓街道	0.04	0.35	0.39	0.61	−0.11	−0.68	−0.55	−0.36
49	观沙岭街道	0.04	0.72	0.59	1.08	−0.10	−0.32	−0.35	0.11
50	望岳街道	0.03	0.50	0.41	0.90	−0.12	−0.54	−0.54	−0.07
51	天顶街道	0.03	0.31	0.28	0.58	−0.12	−0.72	−0.67	−0.40
52	东方红镇	0.02	0.19	0.17	0.38	−0.13	−0.85	−0.77	−0.59
53	梅溪湖街道	—	—	0.21	0.40	—	—	−0.73	−0.57

由表 7-5 可见，基于住宅的各个街道关于大型综合超市的人均购物资源与整个区域的人均购物资源的差值 $\overline{E_i^k} - \overline{E^k}$ 普遍较小，就差值超过 1.00m^{2}h 的网点个数来看，2000 年为 0 个，2005 年为 5 个，2010 年为 4 个，2015 年为 3 个。最大差值为 2.88m^{2}h，出现在 2005 年的四方坪街道，最小差值为 −0.85m^{2}h，出现在 2005 年的东方红镇。

另外，各年度累计差值 $\overline{E_i^k} - \overline{E^k}$ 小于 0 的街道共 102 个，大于 0 的街道共 104 个，等于 0 的街道 4 个。差值大于 0 的街道数与小于 0 的街道数仅为 2 个。

与基于人口的大型综合超市人均购物资源的差值 $\overline{E_i^k} - \overline{E^k}$ 相比,基于住宅的差值超过 1.00m²h 的网点个数更少、最大差值更小、最小差值更大,表明大型综合超市的分布与住宅分布吻合得很好,且与住宅分布的吻合程度优于与人口分布的吻合程度。

再看基于住宅的各街道关于购物中心的人均购物资源(见表 7-6)。

基于住宅的各街道关于购物中心的人均购物资源m²h　　　　　表 7-6

街道序号	街道名称	人均购物资源				人均购物资源与均值的差			
		2000 年	2005 年	2010 年	2015 年	2000 年	2005 年	2010 年	2015 年
1	解放路街道	1.84	12.93	10.85	16.75	1.49	8.42	7.88	8.59
2	府后街街道	2.17	41.22	34.19	29.14	1.82	36.71	31.22	20.98
3	都正街街道	1.60	9.89	7.93	11.92	1.25	5.38	4.96	3.76
4	浏正街街道	1.88	12.21	10.49	14.97	1.53	7.70	7.52	6.82
5	文艺路街道	0.87	7.24	6.14	9.74	0.52	2.73	3.17	1.58
6	朝阳街道	0.52	6.50	5.78	9.90	0.17	1.99	2.81	1.74
7	韭菜园街道	0.91	7.97	7.13	11.12	0.56	3.46	4.16	2.96
8	五里牌街道	0.36	11.21	9.09	12.66	0.01	6.70	6.13	4.50
9	湘湖街道	0.25	4.63	3.68	8.13	−0.10	0.13	0.71	−0.03
10	火星街道	0.21	4.23	3.20	7.29	−0.14	−0.28	0.23	−0.87
11	东屯渡街道	0.17	4.48	3.21	6.57	−0.18	−0.03	0.25	−1.59
12	马王堆街道	0.18	5.59	3.93	7.72	−0.17	1.08	0.96	−0.44
13	东岸街道	0.10	2.92	2.09	4.96	−0.25	−1.59	−0.88	−3.20
14	坡子街街道	1.37	13.21	11.10	20.94	1.02	8.70	8.13	12.78
15	学院街街道	0.85	7.15	5.76	10.24	0.50	2.64	2.80	2.09
16	城南路街道	1.12	8.12	6.49	9.87	0.76	3.61	3.53	1.71
17	书院路街道	0.59	5.37	4.20	8.14	0.24	0.87	1.23	−0.02
18	裕南街道	0.35	3.97	3.00	7.37	−0.01	−0.54	0.04	−0.79
19	金盆岭街道	0.20	3.69	2.79	7.98	−0.15	−0.81	−0.18	−0.17
20	新开铺街道	0.13	2.40	1.85	6.95	−0.22	−2.11	−1.12	−1.21
21	青园街道	0.07	1.82	1.41	7.90	−0.28	−2.69	−1.56	−0.26
22	桂花坪街道	0.07	1.39	1.06	6.22	−0.28	−3.12	−1.91	−1.94
23	侯家塘街道	0.39	5.59	4.25	8.26	0.04	1.08	1.28	0.10
24	东塘街道	0.18	4.78	3.53	8.73	−0.17	0.27	0.56	0.57
25	左家塘街道	0.21	5.68	4.20	8.01	−0.14	1.17	1.23	−0.14
26	砂子塘街道	0.22	6.02	4.41	8.81	−0.13	1.51	1.45	0.66
27	高桥街道	0.11	6.06	4.17	7.57	−0.24	1.55	1.20	−0.58
28	雨花亭街道	0.09	2.80	1.96	11.10	−0.26	−1.71	−1.00	2.95
29	圭塘街道	0.04	1.44	1.04	8.76	−0.31	−3.07	−1.93	0.61
30	洞井街道	0.04	1.39	1.02	7.95	−0.31	−3.12	−1.95	−0.21
31	通泰街街道	1.48	25.18	18.80	17.51	1.13	20.68	15.83	9.35

街道序号	街道名称	人均购物资源				人均购物资源与均值的差			
		2000 年	2005 年	2010 年	2015 年	2000 年	2005 年	2010 年	2015 年
32	望麓园街道	0.96	9.88	7.71	14.16	0.61	5.38	4.74	6.00
33	清水塘街道	0.95	8.37	7.17	12.36	0.60	3.86	4.20	4.21
34	湘雅路街道	0.47	5.29	4.15	9.10	0.12	0.78	1.18	0.95
35	新河街道	0.35	4.08	3.17	7.86	0.00	−0.43	0.20	−0.30
36	东风路街道	0.35	4.41	3.44	8.64	0.00	−0.10	0.47	0.48
37	伍家岭街道	0.22	3.22	2.43	6.37	−0.13	−1.29	−0.53	−1.79
38	四方坪街道	0.14	2.55	1.94	5.83	−0.21	−1.96	−1.03	−2.33
39	洪山街道	0.09	1.90	1.49	5.43	−0.26	−2.60	−1.48	−2.72
40	芙蓉北路街道	0.16	2.16	1.64	7.55	−0.20	−2.35	−1.33	−0.61
41	捞刀河街道	0.08	1.68	1.32	4.91	−0.27	−2.83	−1.65	−3.25
42	银盆岭街道	0.27	3.24	2.45	26.52	−0.08	−1.27	−0.51	18.36
43	望月湖街道	0.36	4.98	3.81	7.74	0.01	0.47	0.84	−0.42
44	橘子洲街道	0.21	2.63	2.02	6.54	−0.15	−1.88	−0.95	−1.62
45	西湖街道	0.37	3.48	2.65	7.22	0.02	−1.02	−0.32	−0.94
46	咸嘉湖街道	0.19	2.14	1.65	6.23	−0.16	−2.37	−1.32	−1.93
47	望城坡街道	0.19	2.10	1.63	6.58	−0.17	−2.41	−1.34	−1.57
48	岳麓街道	0.14	1.88	1.44	7.90	−0.21	−2.62	−1.52	−0.25
49	观沙岭街道	0.17	2.34	1.77	6.76	−0.18	−2.16	−1.20	−1.39
50	望岳街道	0.13	1.71	1.34	5.42	−0.22	−2.79	−1.63	−2.74
51	天顶街道	0.12	1.56	1.18	6.52	−0.23	−2.95	−1.78	−1.64
52	东方红镇	0.07	0.86	0.67	4.52	−0.28	−3.64	−2.30	−3.64
53	梅溪湖街道	—	—	0.68	3.81	—	—	−2.29	−4.34

由表 7-6 可见，基于住宅的各个街道关于购物中心的人均购物资源与整个区域的人均购物资源的差值 $\overline{E_i^k} - \overline{E^k}$ 相对较大，就差值超过 $5.00\text{m}^2\text{h}$ 的网点个数来看，2000 年为 0 个，2005 年为 8 个，2010 年为 6 个，2015 年为 7 个。最大差值为 $36.71\text{m}^2\text{h}$，出现在 2005 年的府后街街道，最小差值为 $-4.34\text{m}^2\text{h}$，出现在 2015 年的梅溪湖街道。

另一方面，各年度累计差值 $\overline{E_i^k} - \overline{E^k}$ 小于 0 的街道共 114 个，大于 0 的街道共 94 个，等于 0 的街道 2 个。差值大于 0 的街道数与小于 0 的街道数的差值为 20 个，进一步表明购物中心的分布比较集中。

与基于人口关于购物中心的人均购物资源的差值 $\overline{E_i^k} - \overline{E^k}$ 相比，基于住宅的差值超过 $5.00\text{m}^2\text{h}$ 的网点个数更少、最大差值略大、最小差值更大，表明购物中心的分布与住宅分布的吻合程度略优于与人口分布的吻合程度。

从表 7-6 中的差值来看，各年度城市中心区域各街道关于购物中心的人均购物资源较多，进一步说明购物中心分布集中于城市中心。结合第 5 章所述："住宅的分布与人口分布特点基本一致，向城市中心外围扩散，并有向城郊进一步蔓延的趋势"，可知关于购物中心的购物资源分布与住宅分布的吻合程度也偏低。

综上所述，关于大型综合超市的购物资源分布与住宅分布的吻合程度较高，关于购物中心的购物资源与住宅分布的吻合程度较低，但总体略高于与人口分布的吻合程度。

研究表明：从居住区关于各业态的人均购物资源及标准差来看，基于人口和住宅的各街道关于大型综合超市的标准差最小，商业街次之，购物中心和专业大卖场最大，但各业态基于住宅的标准差普遍较小。从各街道关于购物中心的人均购物资源来看，关于大型综合超市的购物资源分布与人口和住宅分布的吻合程度较高，关于购物中心的购物资源与人口和住宅分布的吻合程度较低，但不论是关于大型综合超市还是关于购物中心的购物资源分布，与住宅分布的吻合程度略高于与人口分布的吻合程度。说明大型综合超市的分布较分散，而购物中心的分布过于集中。

第8章 商业空间结构演变的动力机制及演变规律

掌握城市大型零售商业空间结构演变的影响因素，有利于调控商业网点发展规模和空间结构演变规律。本章研究城市大型零售商业空间结构演变的影响因素包括动力主体和其他因素，动力主体主要包括政府引导、市场选择以及消费需求；其他因素包括城市功能转型、城市交通与购物出行时间、商业功能分化、网络零售市场等多项内容。本章还将对全书研究的城市零售商业空间结构演变规律进行总结。

8.1 影响商业空间结构演变的因素构成

城市商业空间结构是城市空间结构的主要部分，商业空间结构演变的动力机制与城市空间发展动力机制类似，商业空间结构演变的影响因素包括动力主体和其他因素。动力主体主要包括政府引导、市场选择以及消费需求；其他因素包括城市功能转型、城市交通、商业功能分化、网络零售市场等多项内容。

（1）影响商业空间结构演变的动力主体

政府引导主要表现在两个方面，一是城市商业网点布局规划，包括对城市商业中心、商业网点的布局及其规模的规划，以及对业态结构、商业发展目标的规划；二是为推动区域经济发展而推行的相关政策，包括商贸政策、招商引资政策等。

市场选择表现为两方面，其一为零售业对业态及规模的选择，其二为零售商对网点及规模的选择。零售业对业态及规模的选择表现在零售业态在市场竞争下，自身更新和演变；零售商对网点及规模的选择主要为对店铺选址、规模定位的要求。

消费需求表现为居民对商业网点规模和布局的需求，以及居民的消费方式与投资结构。居民对商业网点规模和布局的需求可以从两方面展开分析，一方面为常住人口对商业网点的业态、规模、区位等需求，另一方面为住宅可容纳人口对商业网点的业态、规模、区位等需求。这两方面的内容前一章已经做了详尽的分析，这里不再赘述。下面主要分析居民的消费方式与投资结构对商业的推动作用。

1）居民消费方式的推动

随着城市居民的生活水平不断提高，以及国际知名零售企业带来的新的消费理念，居民的消费层次得到较大提升，消费者和零售商都在不断寻求更适合社会发展的新的业态形式。在消费者对基本商品的需求满足了以后，出现了更高层次的消费需求，如对消费过程中及售后的服务要求、对休闲娱乐的服务需求等。边际效用理论揭示了在货币收入一定的前提下求得效用最大化的愿望和努力，同时也从消费心理的角度解释了多目的购物行为产生的根源。因此，为了与现代消费心理与行为相适应，能最大满足消费者各种需求和行为，零售业态结构不断演变，综合性业态形式应运而生。

2）投资结构改变的推动

与住宅投资同时升温的还有城市居民对商业地产的投资。有数据统计，位于长沙市五一广场商业中心附近的黄兴路步行商业街建设伊始，铺面最高售价达 50 000 元/m²，目前已经达到 90 000 元/m²；2003 年火车站商业中心的南湖市场灯饰城临街成熟商铺价格为 7 700～12 000 元/m²，现在出售价格为 30 000 元/m²。分析表明，在商铺投资者中，50% 是自己经营，35%～40% 用于出租，还有 10% 左右的其他形式。商铺投资热潮带动了零售商铺的发展进程，也推动了零售商业空间结构的演变。

（2）影响商业空间结构演变的其他主要因素

影响商业空间结构演变的因素是多样的，这里仅归纳几个主要的影响因素：

1）城市功能转型。在城市功能转型的同时，城市空间布局同步优化，也对商业空间结构产生一定影响。

2）城市交通。城市道路交通结构、消费者出行方式的选择都对企业选址以及消费者的购物地点选择构成了影响，具体表现为消费者购物出行的时间耗费上。

3）商业功能分化。城市商业空间结构具有强烈的行业自身发展演化规律，只有通过商业自身功能的不断创新，才能保持商业本身的发展动力。

4）网络零售市场（即电商）兴起。网络零售市场会在一定程度上给传统零售业带来冲击，通过比较近年来零售业与网络零售市场的销售额可见两者间的关系。

8.2　商业空间结构演变的政府引导

如前所述，政府引导主要表现在规划与政策两个方面。商业网点规划是对商业网点建设的约束与导向，商业规划的落实效果可以通过规划与实际发展情况的比较来评价，进而调整规划以适应市场，或控制商业网点的选择与规模，以改善和优化整个城市的商业空间结构。区域经济发展相关政策的实施为商业发展提供经济基础，如招商引资、旧城改造政策等，影响商业网点的区位分布以及商铺、档次规模定位，进而影响商业空间结构。

8.2.1　城市商业网点规划

自我国加入 WTO 后，零售行业进入迅速发展期，很多城市开始重新制定商业网点规划。国内城市编制的商业网点规划基本内容包括商业发展目标、商业空间布局、业态结构、业态建设规模等，然而商业空间的发展和演变远远超出了规划的预期，呈现出集中与扩散的双重格局。

长沙市于 2009 年出台《长沙市城市商业网点布局规划（2005—2020）》（以下简称《网点规划》），并在 2011 年进行了规划修编，《网点规划》指出：着力打造长沙市 1 小时经济圈，以长沙市为核心，进而带动辐射株洲、湘潭等周边城市，在开放理念方面、资源整合方面以及优惠政策配套等方面，用现代经济发展的思维进一步调整、完善，形成全国新一轮经济快速增长中我省这一区域的经济发展总体战略，使之成为中南地区现代化商贸中心。《网点规划》力图提升五一广场商业中心为一个市级商业中心，发展完善瀿湾镇、火车站、东塘、伍家岭、捞霞、观沙岭、望城坡、星沙、马坡岭、黎托、红星、大托等 11 个区域性商业中心。

下面选取研究区域内规划的市级商业中心和9个区域性商业中心，外加袁家岭商业中心（袁家岭为历史悠久传统商业中心，故作为特殊商业中心纳入），分析规划商业中心的发展状况。

（1）规划商业中心的网点发展状况

为了分析11个商业中心的发展状况，以每个商业中心的核心位置为中心、以规定距离为半径，统计每个商业中心2015年的商业网点数量与规模。

为了避免一个商业网点隶属于不同商业中心，我们采用分类方法，具体思想和步骤如下：

1）依据各商业网点和商业中心的经纬度坐标，利用式5-3计算每一个商业网点至商业中心的里程。

2）对于指定的商业网点，若该网点至某个商业中心的距离小于该商业中心的半径，则称该网点在该商业中心的半径范围内；若一个商业网点仅仅在唯一的商业中心的半径范围内，则称该网点隶属于该商业中心。

3）若一个商业网点在多个商业中心的半径范围内，则分别计算该网点至每一个商业中心的距离与半径的比值（这些比值显然都在0和1之间），规定该网点隶属于比值最小的商业中心。

4）若一个商业网点不在任一个商业中心的半径范围内，则称该网点不隶属于任何商业中心。

根据上述分类方法，对2015年的商业网点的区位布局进行空间分类，分类结果如图8-1所示。每一个商业中心位置周边的节点为分类产生的隶属于该商业中心的商业网点。

分类产生的各商业中心内的网点数量和规模见表8-1所示。表中第12类序号表示不属于任何一个商业中心的分散网点。从表8-1可见，在11个规划的商业中心中，五一广场商业中心内商业网点数量最多，达到40个网点，规划网点数为37个，实际网点数与规划网点数相差3个；袁家岭商业中心的实际网点数量为3个，规划的也为3个，实际网点数与规划网点数一致；滨湾镇、观沙岭、火车站、东塘、黎托、红星这些商业中心内实际网点数量与规划网点数量差别不大。实际商业网点数与规划网点数相差较大是望城坡商业中心、伍家岭商业中心和马坡岭商业中心，其中相差最大的是望城坡商业中心，规划建29个网点，实际建了6个网点，相差23个网点。另外，分类序号为12内的实际网点数与规划网点数相差也较大，达到21个网点。

商业中心规划与 **2015** 年发展实际对比情况 表 8-1

分类序号	商业中心名称	分类半径(km)	实际网点数(个)	实际规模(m²)	规划网点数(个)	规划规模(m²)	规划规模与实际规模差值(m²)
1	五一广场商业中心	2	40	453 600	37	2 473 910	2 020 310
2	滨湾镇商业中心	2	4	52 800	5	132 000	79 200
3	望城坡商业中心	2	6	300 000	29	1 827 000	1 527 000
4	观沙岭商业中心	2	7	126 000	12	922 000	796 000
5	伍家岭商业中心	2	11	396 000	27	1 269 340	873 340

续表

分类序号	商业中心名称	分类半径(km)	实际网点数(个)	实际规模(m²)	规划网点数(个)	规划规模(m²)	规划规模与实际规模差值(m²)
6	火车站商业中心	3.5	38	399 000	45	1 972 640	1 573 640
7	袁家岭商业中心	1	3	36 000	3	50 000	14 000
8	东塘商业中心	2	15	144 000	17	216 500	72 500
9	黎托商业中心	2	5	85 000	11	414 000	329 000
10	红星商业中心	3	15	180 000	19	552 000	372 000
11	马坡岭商业中心	2.5	5	60 000	17	409 000	349 000
12	其他网点		27	648 000	48	1 089 400	441 400

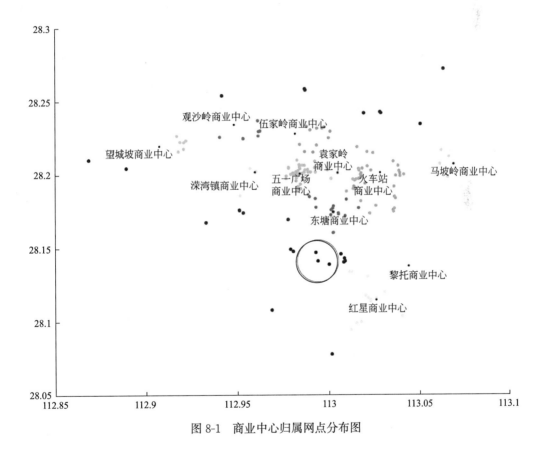

图 8-1　商业中心归属网点分布图

从图 8-1 可以看出，隶属于部分商业中心的网点集聚特征不高，如火车站商业中心内的商业网点由于通过长沙火车站的铁路线、二环快速道的分割，明显形成东部与西部两个区域；伍家岭商业中心的网点偏东分布；观沙岭商业中心和望城坡商业中心的大部分网点也分布于商业中心范围内偏东的位置。在所有不隶属于任何一个规划商业中心的网点中，图 8-1 中圆圈里包含近 10 个这类商业网点，形成一个自然集聚的商业中心。

（2）规划商业中心的规模发展状况

由表 8-1 可知，从规模上来看，规划与实际差别较大，规划规模普遍大于实际规模。

望城坡商业中心规模差别最大，达到 1548000m²；其次是五一广场商业中心和伍家岭商业中心，规模差分别为 1393586m² 和 958140m²；规模差别最小的是袁家岭商业中心，为 4600m²。

从网点数量和规模综合比较来看，五一广场商业中心的规划与实际偏差最大，规模差很大，网点数量差距只有 3 个，且规划网点数少于实际网点数，相差网点的平均规模达到 464529m²；观沙岭商业中心和火车站商业中心的规划与实际规模相差比较大，但规划与实际网点数量相差较小，相差网点的平均规模分别为 120600m² 和 99034m²，说明这些商业中心规划的单个商业网点规模偏大，导致该商业中心的规划规模大于实际规模；袁家岭商业中心、东塘商业中心和溁湾镇商业中心的规划网点数量与实际网点数量相当，且规模相差在 21000m² 以下，相差网点的平均规模分别为 0m²、19300m² 和 21000m²，考虑到大型零售商业网点的单体规模在 5000m² 以上，因此可以将这些商业中心视为规划与实际发展较吻合的状态；其他商业中心不管是在网点数量还是总体规模上，规划和实际的差别都比较大，说明在商业网点规模方面的实际发展与规划不吻合。

综上所述，从区位分布来看，规划与商业业态的区位选择和发展规划基本适应，大多数网点的实际区位布局与规划布局较吻合，但商业中心半径不宜太大，避免出现同一个商业中心的网点联系不紧密的现象；如果两个相邻商业中心之间距离过远，它们之间可能会自然聚集出新的商业中心，在今后商业中心规划时值得关注。从规模方面来看，商业中心规划规模与实际建成规模偏差较大，规划规模呈现过大的现象，特别是城市中心区域的商业中心。虽然城市中心的商业网点服务范围大，但按目前的发展来看，城市中心土地紧张，商业规模发展速度已经趋于平缓，可见在城市中心区域规划大规模的商业网点是不合理的。

8.2.2 区域经济发展政策

当前，经济发展进入新常态，区域经济的发展能有效优化生产力布局，发挥区域比较优势，激发地区经济活力。在长沙零售发展方面，政府主要推行了以下几方面政策：

（1）城市发展政策中的商贸政策

2016 年 10 月，长沙市商务局发布的《加快推进全市商贸商务产业发展的实施方案》，指出：要推动传统商业经营模式创新，如传统批发、零售、住宿餐饮等；大力发展智慧商贸商务模式，推进互联网、物联网等现代信息技术的应用；鼓励发展连锁经营。其中零售商业发展格局的创新是商贸商务发展的重点，如对于五一广场、东塘等传统商圈进行提档升级，推进德思勤广场、万达广场等大型综合体的建设等。

（2）招商引资政策

20 世纪 90 年代，长沙市政府在推进城市经济发展中为解决资金不足的问题，采取"退二进三"和招商引资的政策。前者迅速体现了中心区土地资源的商业价值，后者吸引的是大量国外零售商。这也反映了商业地租理论的客观规律。在执行招商引资政策的过程中，长沙引进的一些世界性工业企业的选址大多远离城市中心区。加入 WTO 后，外资零售业大量进入中国市场，使零售业成为发展最快的行业。据《2008 Global Powers of Retail》统计，2008 年全球 250 强零售商中已有 37 家企业进入了中国零售市场，还有更多外资或者中外合资的零售企业并未被统计进来。长沙自 1999 年第一家合资零售商平和堂进入市场后,零售巨头沃尔玛、家乐福、麦德龙等纷纷落户长沙并相继开设分店。至 2015 年底,沃尔玛和家乐福已在长沙各开设了 3 家门店,麦德龙开设了 2 家。可以看出,当东部和大城市的零售市场逐渐趋于饱和的状况下,外资零售商已经把市场扩展到中西部城市,进而走向全国市场。在中西部的城市中,长沙是重要的区域性中心城市,外资与国内外合资企业的跨区域发展与长沙市政府的招商引资政策相结合,正推动着零售商业空间的进一步发展。

（3）旧城改造与交通设施建设

长沙商业发展一直以来是以五一广场为中心,长沙市政府将五一广场商业中心作为商业发展的核心区域,给予了很大的政策支持,通过引进国内外大型零售企业和发展大型综合购物中心的策略,来发展五一广场商业中心的业态形式、规模和结构。同时,对五一广场商业中心周边的老城老街进行改造,形成具有特色的太平街、坡子街、黄兴路步行商业街等,加强了五一广场商业中心的商业氛围。这些措施使得五一广场商业中心迅速发展起来,保持了其商业核心地位,成为了长沙等级最高的商业中心。

在 2000 年 9 月,长沙市中心区展开了五一路改扩建工程,这是最重要的城市改造工程。五一路的改造引发了黄兴路的改造,直接影响了城市中心区的道路结构,也对城市商业空间结构产生了重要影响。2014 年开通的地铁 2 号线和 2016 年开通的地铁 1 号线将五一广场设为转乘站,这对五一广场商业中心的商业聚集力起到了进一步的推动作用,更加强了其商业核心地位。同时,地铁的开通缩短了东西向和南北向的交通出行时间,为商业流通提供了有利条件,也刺激了地铁沿线其他商业中心的发展。南部商圈的扩大、北部零售重心的转移进一步说明了长沙交通设施建设对城市零售商业空间演变起到了推动作用。

（4）住宅商品化建设政策

长沙的商业发展最初是由改革开放和体制改革推动的,而住宅商品化政策的出台和实施进一步促进了商业发展。1994 年出台的住宅商品化、社会化政策和 1998 年实施的经济适用房政策促使了长沙的居住空间外迁。从东部和南部开始,居住组团进一步向北部扩展,以往的与单位办公联系在一起的福利性住房逐渐被商品住宅小区和组团代替,分散的居住模式逐渐转变为集中居住模式。从零售商业和居住区发展的时序性来看,长沙的零售商业空间是先于居住空间发展的,但住宅商品化的一系列政策的实施又反过来推动了零售商业空间的演变,同时,零售商业空间的区位与规模又进一步决定了居住空间的区位、规模与定位。目前,城市中心区的零售商业空间已经成熟,商业空间正在向城市周边蔓延,而城市中心区的居住空间也趋近饱和,随着零售商业空间的扩展而在外围重新集中,可见零售商业空间与居住空间是相互推动、共同发展的。

8.3　商业空间结构演变的市场选择

尽管城市商业空间布局受到政府规划的约束,但市场对业态和网点的优先发展具有选择的侧重。商业网点规划是一个从城市总体的角度来分析现有的、规划未来商业业态和空间结构的工作过程。而市场选择则是一个从企业的角度审视现有的、布局未来的空间网络和门店规模的战略决策过程。

下面以长沙市为例,分析零售业对业态及规模的选择和商业网点的中心聚类状况。

8.3.1 零售业对业态及规模的选择

（1）零售业结构演变

最早的城市零售业以前店后坊的形式存在，自 20 世纪 80 年代中期至 90 年代末以来，百货商店成为了长沙最主要的零售业态。随后通过引进国外新型零售企业模式，带来了全新的零售业态，即集百货、超市、餐饮、娱乐、商业办公为一体的购物中心。随着我国于 2002 年加入 WTO，许多西方零售业巨头不断涌入长沙的零售市场，它们主要是以大型综合超市与百货商店结合的形式进入市场，这种组合取得了良好的经营业绩，从而改变了以百货为单一业态的零售业态结构。大型综合超市、购物中心、商业街、专业大卖场和百货店共存构成了长沙目前的零售业态结构。

（2）业态竞争

作为中西部重要的区域性中心城市，长沙的经济发展、居民收入与消费能力等都位于中西部省会城市前列，加上长株潭城市群以及大河西先导区的发展，长沙的零售市场成为了越来越多大型零售商青睐的商业福地。从平和堂商贸大厦的出现以及不断涌入的大型零售企业，长沙的零售业竞争不断升级，促使传统的业态形式更新与整合。目前，集超市、百货、餐饮、娱乐等多种业态组合形成了购物中心，推动了综合性业态形式的发展和完善，成为了长沙商业空间中的主流业态形式。

（3）原有零售业态的整合

经过近十年的"商战"，长沙的零售业经历了优胜劣汰和行业整合，湖南友谊阿波罗集团跻身 2001 年中国企业 500 强，成为湖南唯一进入 500 强的商业企业。为应对来自国内外零售企业的竞争，友谊阿波罗集团进行了不断的规模扩充和对原有以百货商店为主的业态构成改革，形成了具有地区品牌效应和特点的大型综合购物中心。

8.3.2 市场选择下的商业网点集聚效应

为了分析市场选择下商业网点的集聚效应，我们采用空间聚类方法，先计算出网点之间的空间距离，按照全连通最长距离法进行聚类。聚类产生的网点团簇，只要网点数量和规模达到一定水平，都类似于我们希望建设的一个商业中心。

按距离聚类的方法有很多种，之所以选择全连通最长距离法聚类，是因为该聚类方法产生的每一个类的最长距离达到相同水平，使得描述每一个类的团簇半径相当。

将 2015 年商业网点进行聚类，聚类个数分别指定为 15，20，25，30 和 35，聚类结果分别见图 8-2 和表 8-2。从表 8-2 上可以看出，我们认为只含有 1～2 个网点的类别为无效的商业中心，将这些无效类别排除后，上述 5 种分类分别包含 13、16、19、20、22 个有效类。对于每一个聚类结果，不同类的网点数量和规模的最大偏差的统计结果展示在表 8-2 中，分 15 类的聚类结果中的规模最大偏差为 $1203124m^2$，网点数量最大偏差为 44 个；分 20、25 和 30 类的聚类结果中的规模最大偏差为 $1068324m^2$，网点数量最大偏差为 37 个；分 35 类的聚类结果中的规模最大偏差为 $594100m^2$，网点数量最大偏差为 17 个。

从有效网点数、网点数量和规模的最大偏差来看，分成 25 和 30 个商业中心进行聚类的效果是比较好的。其中分成 25 类聚类数的详细规模和网点数如表 8-3 所示，序号 1～6 的聚类网点数只有 1～2 个，不足以分别形成新的商业中心，因此可视为无效类，但序号 5

和 6 的网点平均规模较大，单个网点规模达到近 100 000m²，若此区域的商业网点继续增加，则有形成新的商业中心的趋势。

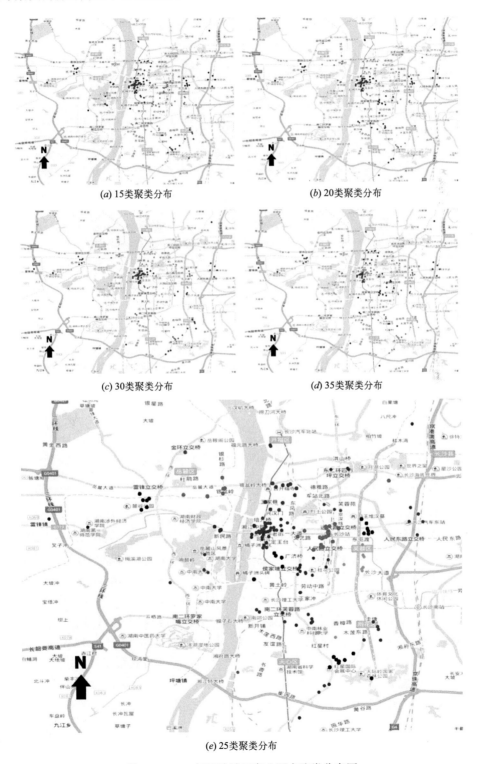

(a) 15类聚类分布

(b) 20类聚类分布

(c) 30类聚类分布

(d) 35类聚类分布

(e) 25类聚类分布

图 8-2　2015 年长沙城区商业网点聚类分布图

几种聚类类别的特征指标　　　　　　　　　表 8-2

聚类数（个）	有效类数（个）	最大最小网点数量差（个）	最大规模（m²）	最小规模（m²）	最大最小规模差（m²）
15	13	44	1 208 124	5 000	1 203 124
20	16	37	1 073 324	5 000	1 068 324
25	19	37	1 073 324	5 000	1 068 324
30	20	37	1 073 324	5 000	1 068 324
35	22	17	599 100	5 000	594 100

指定 25 个类别的聚类特征指标　　　　　　　　表 8-3

类别序号	代表网点	网点数（个）	规模（m²）	类别序号	代表网点	网点数（个）	规模（m²）
1	麦德龙（岳麓商场店）	1	35 000	14	白沙路茶文化街	5	47 800
2	月湖大市场	1	50 000	15	步步高生活广场	5	101 000
3	中南肉类食品批发市场	1	30 000	16	广大环球家具市场	6	279 000
4	步步高（星沙店）	1	5 000	17	马王堆汽配市场	7	211 500
5	世纪金源购物中心	2	212 000	18	奥克斯广场	7	319 000
6	罗马商业广场	2	190 000	19	高桥大市场	8	757 000
7	毛家桥大市场	3	55 000	20	德思勤城市广场	9	611 000
8	南湖五金大市场	3	55 000	21	通程金色家族	11	135 100
9	井湾子家居广场	3	42 000	22	泊富国际广场	11	311 200
10	通程商业广场	3	87 000	23	凯德广场	12	124 600
11	友阿奥特莱斯购物公园	4	403 000	24	金苹果大市场	21	278 300
12	东大门金属设备大市场	5	150 000	25	开福万达	40	1 073 324
13	莲湖重型机械设备大市场	5	476 000				

　　图 8-2 中显示了按 5 种聚类类别的网点集聚分布情况。分 15 类的聚类结果中，商业网点被成片聚集，导致同一个聚类团簇的商业网点间距较大，特别是湘江以西新民路附近的网点与五一广场商圈的网点被聚到同一类。当按 20 类或 20 以上类聚类时，湘江东西两岸的商业网点被分离开，聚类效果比较好；但当按 35 类聚类时，五一广场商圈被聚类分离成了东北部和西南部，且只含有 1 个或 2 个网点的商业中心较多，即无效类较多。从网点集聚分布情况可以看出，聚类个数指定为 20、25 和 30 时，网点集聚分布情况较好，五一广场商业中心聚集的网点数量最多。

　　按照目前的发展，商业网点根据全连通最长距离聚类法自然集聚成 25 个商业圈是比较合理的。从网点数量上来看，有效类所占比例适中，且网点数量最大偏差也适中；从规模上来看，规模的最大偏差适中；从网点集聚分布来看，25 类聚类结果中，有 19 个有效类且分布适度，既考虑了地理位置的差异，又没有把联系紧密的商业网点分离成两个商业中心。

　　综上所述，商业中心规划只有与市场需求一致的情况下，才会真正地发展起来。商业网点规划的编制、实施和管理者应该充分地认识这两者之间的关系，同时，商业中心规划策略应该避免零售业态盲目集聚，影响商业空间的良性发展。对于城市核心区域的商业中心，由于土地资源稀缺，商业网点的规模增长速度逐步减缓，以商业转型、调整商业业态的形式提升品质，继续保持其核心地位，支撑未来发展。对于城市核心区域以外的商业网点，由于土地相对富余，周边居住人口相对密集，网点规模快速增长，商业业态越来越丰富，一些综合性较强的商业中心有发展成新的核心商业中心的趋势。

8.4　影响商业空间结构演变的其他因素

8.4.1　城市功能转型

（1）城市功能与性质的转变

长沙已经由原来的地方中心城市逐渐转型成长江中下游区域重要的中心城市，其现代产业流通格局也在向大市场、大贸易、大流通方向发展，形成了区域性的物资集散中心、结算中心、商业信息汇集发布中心和会展中心。随着信息网络的日渐发达，电子商务、网上交易等现代化营销方式以及新兴流通产业，共同构建起多维度、综合性、多功能的市场体系，并建成不同服务半径的商业批发体系以及布局合理、规模适当的零售商业体系。长沙市国民经济和社会发展第十三个五年规划纲要指出："十三五"时期（2016～2020 年）是长沙率先建成全面小康社会的决胜阶段和加快实现基本现代化的关键阶段，要坚持转型创新发展，主动适应经济发展新常态。因此国民经济的全面发展和社会信息化将带动和促进工业化，同时改善生态环境、健全居民社会保障体系也将全面提升城市居民的生活质量。

根据《长沙市城市总体规划（2003—2020）（2014 年修订）》的要求，长沙将沿多条生长轴线拓展城市空间，由以前的"两中心、多组团"的城市格局转变形成"一轴两带多中心、一主两次五组团"的城市空间结构，由此带动城市商业空间格局变化。其中城市主体仍然为商务和商业的中心，配合两大片区及五大组团。城东以五一广场为商业核心区，商业辐射范围遍及整个城市和临近城市，是城市商业的突出形象与标志；湘江以西的岳麓片区，将大学城和高新技术产业开发区结合建设科学文化区；城北依托星马片区及金霞组团，主要以商贸物流、仓储加工为重点发展；城南根据长株潭经济一体化的要求，打造高档商务中心。

城市空间扩展、人口增加、生活和消费水平提高，以及将发展目标定为区域性中心城市，促进了长沙城市功能和性质的转变，推动了城市商业的发展，传统的商业中心不断更新改造，新的商业空间不断产生。

（2）城市群发展的影响

随着长株潭城市群获批"全国资源节约型和环境友好型社会建设综合配套改革试验区"，城市群的经济、产业一体化成为建设重点。在传统基础产业方面，长沙以高新技术产业和第三产业为重点，在城市群中以电子信息、食品、工程机械、生物制药为主，在原有区域中心城市的基础上进一步加快金融、科技、信息、文化等产业发展，着重构筑现代科教中心、商贸中心、文化中心及信息中心。在空间结构方面，将城市群分为两个层次，第一层为三市市域范围，第二层为规划的目标区域，即长株潭核心区域，核心区形成"一主两副环绿心"的空间结构，即以长沙作为主核心，株洲和湘潭作为次核心，三市结合地区为绿心。在商业发展方面，长株潭城市群的经济一体化明确了长沙商业空间的发展方向，以建成现代化商贸中心以及全国区域性中心为目标，加快建立高效市场流通体系，大力发展会展经济。

城市群的发展使零售业态空间的发展呈现相互吸引和渗透的现象，城市群内部的竞争也使得零售业态形式向多维度、综合性方向发展，竞争方城市中心区的繁华地段成为企业选址开店的热门区域，因此成为城市商业空间结构的一种内力作用。

8.4.2 城市交通与购物出行时间

城市交通对城市商业空间布局的影响，主要体现为购物出行时间。各种城市交通的改善措施，都能降低消费者的购物出行时间，比如城市轨道交通等大容量公共交通设施建设、公交优先的政策导向、城市道路交通网络建设、信息化交通管理手段、交通相关法律法规的建设、文明出行的良好习惯等。

为了分析购物出行时间与城市商业空间的关系，继续在研究区域内讨论街道与商业网点之间的购物出行里程和时间的变化情况。

首先，我们计算各年度各街道与各商业网点之间出行里程和出行时间的算术平均值，其公式为

$$\sum_{j=1}^{n}\sum_{i=1}^{m}d_{ij}/(n \cdot m) \qquad (式8\text{-}1)$$

和

$$\sum_{j=1}^{n}\sum_{i=1}^{m}t_{ij}/(n \cdot m) \qquad (式8\text{-}2)$$

其中，n 为商业网点个数，m 为街道个数。

根据式8-1和式8-2，计算出2000～2015年各街道中心位置至各商业网点的平均出行里程与平均出行时间，如表8-4所示。从表中可以看出，从2000年至2015年，各街道中心位置至各商业网点的平均出行里程呈缓慢上升趋势；从2000年至2010年，各街道中心位置至各商业网点的平均出行时间呈上升趋势，但2010年至2015年，交通状况得到显著改善，这得益于长沙市轨道交通于2014年开始投入运营、公交分担率提高和交通管理水平的提升等。

各街道中心位置至各商业网点的平均出行里程与平均出行时间 　　　　表8-4

	2000年	2005年	2010年	2015年
平均距离(km)	7.08	7.15	7.15	7.18
平均时间(min)	35.64	38.60	40.52	32.65

表8-4中的算术平均值并没有考虑街道人口数和商业网点规模，而街道人口数和商业网点规模直接影响街道至商业网点之间的出行量，所以采用街道人口数和商业网点规模为权值对出行里程和时间进行加权平均，获得它们之间更合理的平均里程与平均时间。若街道 i 至商业网点 j 的出行里程为 d_{ij}、出行时间为 t_{ij}，按照街道人口数 P_i 和商业网点规模 S_j 加权平均，则加权后的平均出行里程和出行时间分别为

$$\sum_{j=1}^{n}S_{j}\left(\sum_{i=1}^{m}d_{ij}P_{i}/\sum_{i=1}^{m}P_{i}\right)/\sum_{j=1}^{n}S_{j} \qquad (式8\text{-}3)$$

和

$$\sum_{j=1}^{n} S_j \left(\sum_{i=1}^{m} t_{ij} P_i / \sum_{i=1}^{m} P_i \right) / \sum_{j=1}^{n} S_j \qquad (\text{式 8-4})$$

根据式 8-3 和式 8-4，计算出的加权平均出行里程和出行时间如表 8-5 所示。

加权平均出行里程与出行时间 表 8-5

	2000 年	2005 年	2010 年	2015 年
出行里程（km）	7.31	7.24	7.30	7.20
出行时间（min）	34.94	40.66	42.63	35.22

对比表 8-5 和表 8-4 可知，除了个别情形外，加权平均后的出行里程和出行时间都更大了，这是因为一些体量很大的购物中心和粗大笨的专业大卖场位于城市周边区域所致。

我们最关心的是消费者的平均购物出行里程和平均购物出行时间，与一般性出行存在差异。购物出行与上述一般性出行的差异性可以从哈夫模型中体现出来，根据哈夫模型的思想，消费者到商业网点购物的选择概率与商业网点的规模成正比，与购物出行时间的平方成反比。也就是说，消费者的购物出行受到消费者对商业网点的选择概率的影响。

记 p_{ij} 为街道 i 对商业网点 j 的购物选择概率，于是 $P_i p_{ij}$ 表示街道 i 选择商业网点 j 购物的人数，只要按照街道 i 到商业网点 j 购物人数 $P_i p_{ij}$ 加权平均即可（不再需要对商业网点的规模加权平均，因为商业网点规模对消费者的吸引作用已经体现在购物人数 $P_i p_{ij}$ 中了）。根据上述思想，购物出行的平均距离和时间可以用如下公式表示。

$$\sum_{j=1}^{n} \sum_{i=1}^{m} d_{ij} (P_i p_{ij}) / \left[n \sum_{i=1}^{m} (P_i p_{ij}) \right] \qquad (\text{式 8-5})$$

和

$$\sum_{j=1}^{n} \sum_{i=1}^{m} t_{ij} (P_i p_{ij}) / \left[n \sum_{i=1}^{m} (P_i p_{ij}) \right] \qquad (\text{式 8-6})$$

根据式 8-5 和式 8-6，计算出购物出行平均里程和平均时间如表 8-6 所示。

购物出行平均里程与平均时间 表 8-6

	2000 年	2005 年	2010 年	2015 年
出行里程（km）	7.26	7.22	7.15	7.13
出行时间（min）	32.33	30.35	31.89	26.48

对比表 8-6 和表 8-5 可知，表 8-6 的购物出行平均里程比表 8-5 的加权平均出行里程更短一些，表 8-6 的购物出行平均里程随年度增加呈下降趋势，除 2010 年外，表 8-5 的加权平均出行里程随年度增加也呈下降趋势。特别是，平均购物出行时间比加权平均出行时间明显偏低。表 8-6 与表 8-5 各年度的平均出行时间的比值分别为：

$$\frac{32.33}{34.94} = 0.925, \quad \frac{30.35}{40.66} = 0.746, \quad \frac{31.89}{42.63} = 0.748, \quad \frac{26.48}{35.22} = 0.751,$$

这些比值中除了 2000 年的 0.925 相对较高外，其他 3 年的差不多都在 0.75 左右。当然，出行时间短并不意味着出行里程短，在相同的出行时间内，地铁的出行里程往往更长一些。

综上所述，可以获得两方面的结论：其一，随着时间推移，商业网点增加，购物出行时间显著下降；其二，平均购物出行时间显著小于一般性出行的平均时间（大约在一般性平均出行时间的 3/4 左右）。由这两个结论，我们可以推测，商业网点分布与人口分布（或住宅分布）趋于吻合，人们更优先选择就近购物。

8.4.3 商业功能分化

商业自身内部发展规律必然导致业态分化。按照商业生命周期理论，任何商业都必然会经历"兴起—发展—成熟—衰落"的过程，只有通过自身功能的不断创新，才能保持商业本身的发展动力。商业自形成之初至今已经发生了深刻的变化。最初的商业功能仅仅是双方的物品交换，这种交换是在自然经济小生产模式下自给自足的需求，与现代意义上的商业概念具有较大的区别。工业革命以来，大规模工业化生产极大地丰富了城市商品的供给，极大地促进了城市商业的发展，使城市功能从生产逐渐向消费转型，商业功能从满足人们生活需求转向满足市民购物体验的过程需求。商业功能的分化导致商业对所在区位、空间规模、布局形式、交通方式等具有不同的要求。

（1）商业功能的分化直接导致商业空间布局的差异

商业功能的分化具有两极化趋向，即功能的细分化与功能的复合化。功能细分使城市商业与城市居民需求结合得更为紧密，如便利店、超市则趋向于社区中心集聚，巨型超市、购物公园等功能趋向于交通枢纽集聚。功能的复合化要求商业承担更多的社会经济功能，复合化的商业功能对区位选择更为谨慎，导致商业的区位集聚差异特征更加明显，主要商业设施如超市、便利店、购物中心、专营店、专卖店等过于集中在城市中心。商业的过于集聚与中心区人口的分离形成反差，造成中心区商业功能过于重叠，而城市新区商业设施缺乏。

（2）商业功能的分化导致不同业态规模和空间特征的差异

传统的商业形式是沿街店铺经营模式，随着社会经济的发展，传统经营模式虽然仍有其生存的活力，但已经不能满足市民多方面消费的需求。新商业业态形式对经营场所的规模和区位分布具有不同的要求。便利店、专卖店等倾向于小规模特色化经营，对用地规模要求低，区位分布灵活；超市、专营店、巨型超市等建筑体量庞大，进出车辆场地要求大，要求用地规模大，空间特征单调，在西方被冠以"大盒子"之称。而购物公园等一般均是具有多种经营需求的建筑群，用地规模更大，建筑群体组合具有独特个性，环境优越。在我国，城市中心区充斥"大盒子"、高层标志性商业中心以及特色商业街区等功能，空间形式较为混杂；近几年，在城市近郊逐渐出现奥特莱斯购物公园等商业业态，使得城市商业空间的规模与特征差异性更加显著。

（3）商业功能的分化导致不同商业业态的区位选择差异

传统的商业倾向于向人群密集的区域集中，因此大量商业过于集中在城市中心区。区位永远是商业空间布局的第一选择因素，但随着商业业态的分化，区位已经不再是决定商业空间布局的唯一要素。如购物公园要求具有良好的生态环境和交通条件，因此更倾向于城市快速路或者城市出入口门户区域。超市、巨型超市等逐渐与房地产开发项目联合开发，并互为依托。

8.4.4 网络零售市场兴起

近年来，网络零售市场不断发展与成熟，加上新技术服务推动以及国家的相关政策对零售网络的重视，网络零售的渗透作用在持续增强。据中国电子商业研究中心发布的

《2016 年度中国网络零售市场数据监测报告》统计，我国 B2C 网络零售市场在社会消费品零售总额中的比重在稳定上升，由 2012 年的 6.3％上涨到 2017 年的 16.6％（见图 8-3），特别是 2015～2016 年的网络市场交易规模占社会消费品零售总额由 12.7％增长到 14.9％，增幅达到 2.2％，是增幅最大的一年。在网络零售市场交易额方面，交易规模不断攀升，图 8-4 显示了 2012～2016 年中国网络零售市场交易规模，可以看出，网络零售交易规模由 2012 年的 13 205 亿元上升至 2016 年的 53 288 亿元，同比增长 39.1％。可见网络零售市场已逐渐兴起，在社会消费品零售市场占据的份额逐渐增大。

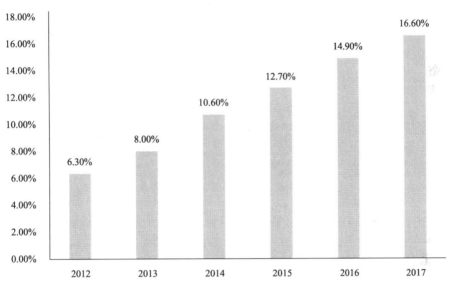

图 8-3　2012～2016 年 B2B 网络零售市场占社会消费品零售总额比例
资料来源：中国电子商业研究中心，2016 年度中国网络零售市场数据监测报告，2017。

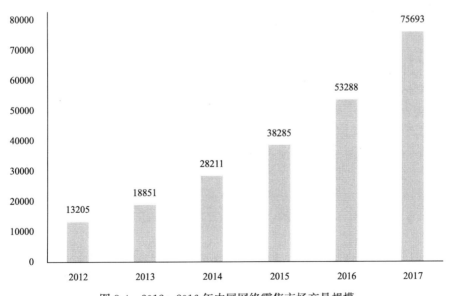

图 8-4　2012～2016 年中国网络零售市场交易规模
资料来源：中国电子商业研究中心，2016 年度中国网络零售市场数据监测报告，2017。

据商务部《中国零售行业发展报告（2016/2017）》统计显示，实体零售市场的销售额呈下滑趋势。图 8-5 显示了 2014～2016 年百货店、专业大卖场、超市和购物中心这 4 种业态的销售额增长情况，除了专业大卖场 2016 年销售额较 2015 年有 2.7％的增长以外，其余业态的销售额呈整体下降的状态，特别是百货店和购物中心的销售额增量下降明显。

综上可见，网络零售市场的逐渐兴起已经对传统的零售业态造成了一定冲击，使传统业态的营业额增速明显减缓。

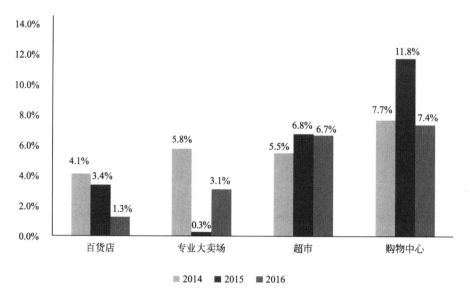

图 8-5　2014～2016 年主要业态零售额增长情况

资料来源：国家商务部。

8.5　城市零售商业发展趋势及空间结构的演变规律

8.5.1　零售业的发展趋势

（1）零售业态的整合

随着经济与科技的迅速发展，零售业态已经出现多元化的特征，消费需求也不断向多维度、多样化、综合性的方向推进，因此多种业态相互组合、优势互补，将满足多层次的消费需求，同时发挥集聚的效力，使各自利益最大化。

除了零售业自身的多业态组合，目前还出现了一些零售业与餐饮、展览一体等多种组合形式，如上海的 K11，北京的福侨芳草地等，这样的新型组合给消费者带来了新鲜感，吸引了消费眼球，取得了较好的经营业绩，未来这种新型组合形式将进一步发展，出现在更多的城市中。

另外，随着国家"二胎"政策的实行，母婴、亲子等相关消费也成为一大热门，一些购物中心里开始融入母婴、亲子等体验和娱乐项目，如亲子游泳、婴幼儿综合娱乐城等，受到广大小朋友的青睐，在未来的购物中心建设中，亲子娱乐将成为另一热点引进项目。

（2）零售业态的更新

在信息网络不断发达、零售网络市场迅速崛起的今天，虽然线上消费快捷，但由于消费者无法对商品的材质、大小等有直观的感受，因此衍生出新的业态形式，如英国 Argos 的线下体验＋线上订购形式，即 O2O 的新型商业模式。Argos 提供多种沟通平台，如门店、网站、服务电话等，但与传统门店经营完全不同的是，Argos 的门店不提供任何货架和实物，商品被储存在门店后或楼上的仓库中，顾客只能翻阅摆设在店里的购物导向书和海报。这些资料有所有 Argos 经营商品的详细说明，并附上产品编码和彩图。顾客可以把资料带回家慢慢挑选，或者当场选购支付，然后就可以等待叫号取货了。这种形式在善于运用网络的年轻人中非常受欢迎，目前国内的顺丰嘿客以及京东、阿里等电商也在模仿这种形式。在这种形式上增加对商品的体验流程，将会成为未来一种新型业态。

8.5.2　零售商业空间结构的演变规律

在前面的各个章节中，一直贯穿了对零售商业空间结构演变的分析，从商业中心、商业业态、人口与住宅、购物出行时间等方面总结零售商业空间结构的演变规律如下。

（1）长沙城市大型零售商业空间结构演变规律

1）城市商业空间结构的演变经历了三个阶段：其一为优先发展城市中心；其二为由中心逐步向外扩散；其三为多个区域聚集形成各自的商业中心。这是一个由单核商业中心发展成为"一主多次"多个商业中心的演变过程。

2）对于城市核心区域的商业中心，由于土地资源稀缺，商业网点的规模增长速度逐步减缓，以商业转型、调整商业业态的形式提升品质，继续保持其核心地位、支撑未来发展。

3）对于城市核心区域以外的商业网点，由于土地相对富余，周边居住人口相对密集，网点规模快速增长，商业业态越来越丰富，一些综合性较强的商业中心有发展成新的核心商业中心的趋势。

（2）长沙城市大型零售商业业态的演变规律

1）业态规模

商业网点的数量和总规模的变化规律具有阶段性，由几个快速发展期和平缓发展期构成，并且新增商业网点的平均规模呈上升趋势。

不同业态的规模在不同时期的发展速度存在差异。大型综合超市的规模增长速度比较稳定；购物中心由数量快速增长向单体规模快速增长转化；商业街前期发展较快，后期一直处于稳定状态；专业大卖场的规模在前期快速增长后，放缓增长速度；百货店作为传统业态类型，网点数量和规模持续减少。

2）业态区位

商业业态区位分布的初始状态为城市中心区域的集中布局，逐步发展为较均匀的扩散状态。

不同业态的布局规律存在差异。大型综合超市的空间布局与城市空间布局同步均衡发展，由城市中心区域向整个城区扩散；购物中心首先积聚于城市中心，进而向城市周边扩散，在城市中心的布局较城市周边更为集中；商业街基本布局于城市中心区域；专业大卖场除了经营粗大笨类型商品的网点主要布局在周边城区外，在城市中的区位分布比较均匀；百货店布局于城市中心区域，且该业态有逐渐被购物中心取代的趋势。

（3）商业网点规模（区位）分布与人口（住宅）分布的吻合规律

不论全部业态还是每一种业态，商业网点规模分布与人口分布都比较吻合。大型综合超市和购物中心的网点规模分布与人口分布最为吻合；商业街因选址于繁华区域，规模重心更偏向城市中心区域；专业大卖场由于部分粗大笨商品属性，选址于物流快捷的城市东南部，规模重心偏向城市东南部。

商业网点规模分布与住宅分布的吻合程度，高于商业网点规模分布与人口分布的吻合程度。商业网点区位分布与人口分布的吻合程度，高于商业网点规模分布与人口分布的吻合程度。商业网点区位分布与住宅分布的吻合程度，高于商业网点规模分布与住宅分布的吻合程度。

商业网点的布局更注重空间的适配性，在结合空间和规模的综合适配性考量方面略有欠缺。

（4）购物出行时间的变化规律

随着商业网点不断增加和城市交通系统日趋完善，消费者购物出行时间在不断缩短，并且平均购物出行时间显著小于一般性出行的平均时间，为多个区域商业中心建设提供需求支撑。

人们就近购物的偏好，导致了平均购物出行时间的缩短。平均购物出行时间的缩短，进一步满足了人们就近购物的偏好。

第9章 结论与展望

9.1 研究结论

（1）长沙城市大型零售商业空间结构演变规律

1）城市商业空间结构的演变经历了三个阶段：其一为优先发展城市中心；其二为由中心逐步向外扩散；其三为多个区域内商业网点聚集形成各自的商业中心。这是一个由单核商业中心发展成为"一主多次"多个商业中心的演变过程。

2）对于城市核心区域的商业中心，由于土地资源稀缺，商业网点的规模增长速度逐步减缓，以商业转型、调整商业业态的形式提升品质，继续保持其核心地位、支撑未来发展。

3）对于城市核心区域以外的商业网点，由于土地相对富余，周边居住人口相对密集，网点规模快速增长，商业业态越来越丰富，一些综合性较强的商业中心有发展成新的核心商业中心的趋势。

（2）长沙城市大型零售商业业态的演变规律

1）业态规模

商业网点的数量和总规模的变化规律具有阶段性，由几个快速发展期和平缓发展期构成，并且新增商业网点的平均规模呈上升趋势。

不同业态的规模在不同时期的发展速度存在差异。大型综合超市的规模增长速度比较稳定；购物中心由数量快速增长向单体规模快速增长转化；商业街前期发展较快，后期一直处于稳定状态；专业大卖场的规模在前期快速增长后，放缓增长速度；百货店作为传统业态类型，网点数量和规模持续减少。

2）业态区位

商业业态区位分布的初始状态为城市中心区域的集中布局，逐步发展为较均匀的扩散状态。

不同业态的布局规律存在差异。大型综合超市的区位分布与城市空间布局同步均衡发展，由城市中心区域向整个城区扩散；购物中心首先积聚于城市中心，进而向城市周边扩散，在城市中心的布局较城市周边更为集中；商业街基本布局于城市中心区域；专业大卖场除了经营粗大笨类型商品的网点主要布局在周边城区外，在城市中的区位分布比较均匀；百货店布局于城市中心区域，且该业态有逐渐被购物中心取代的趋势。

（3）商业网点规模（区位）分布与人口（住宅）分布的吻合规律

不论全部业态还是每一种业态，商业网点规模分布与人口分布都比较吻合。大型综合超市和购物中心的网点规模分布与人口分布最为吻合；商业街因选址于繁华区域，规模重心更偏向城市中心区域；专业大卖场由于部分粗大笨商品属性，选址于物流快捷的城市东南部，规模重心偏向城市东南部。

商业网点规模分布与住宅分布的吻合程度，高于商业网点规模分布与人口分布的吻合程度。商业网点区位分布与人口分布的吻合程度，高于商业网点规模分布与人口分布的吻合程度。商业网点区位分布与住宅分布的吻合程度，高于商业网点规模分布与住宅分布的吻合程度。

商业网点的布局更注重空间的适配性，在结合空间和规模的综合适配性考量方面略有欠缺。

（4）购物出行时间的变化规律

随着商业网点不断增加和城市交通系统日趋完善，消费者购物出行时间在不断缩短，并且平均购物出行时间显著小于一般性出行的平均时间，为多个区域商业中心建设提供需求支撑。

人们就近购物的偏好，导致了平均购物出行时间的缩短。平均购物出行时间的缩短，进一步满足了人们就近购物的偏好。

（5）定量分析方法体系

提出了一系列的定量研究方法，包括在商业网点规模与区位演变分析的统计分析方法、各业态商业网点重心（中心）位置与人口（住宅）重心位置偏差分析方法、网点需求规模估算方法、商业网点实际规模与需求规模的偏差计算方法、规划商业中心发展状况评价的分类方法、商业网点自然集聚为商业中心的空间聚类判定方法等，这些方法构成城市大型零售商业空间结构演变的行之有效的定量分析方法体系。

9.2 研究工作展望

城市零售商业空间结构演变问题是一个非常重要且非常复杂的问题，虽然作者通过不懈努力获得一些研究成果，但与彻底解决这个问题的距离尚远，仍然存在诸多问题需要深入研究，研究方法有待拓展。就作者目前的认识水平来看，以下问题亟待研究。

（1）利用哈夫模型的扩展形式求解商业网点的需求规模时，对于不同的商业业态，参数 λ 应该标定为不同的值，比如大型综合超市，人们更倾向于就近超市购物，所以对应于大型综合超市的 λ 取值应该更大一些，而专业大卖场的 λ 取值应该更小一些。

就目前来看，参数 λ 没有很好的标定方法，作者建议可以考虑利用消费者的手机定位信息，通过大数据关联分析每一个商业网点的消费者的居住地，获得每一个商业网点的消费者的居住地分布，这样分析出来的结果更具有真实性。

（2）在估计商业网点规模需求时，需要用到人均商业面积。而人均商业面积是一个缺乏基础研究的参数，如果能够结合一些重要信息综合确定人均商业面积（如商业网点的营业额），获得一个分业态的合理参数，必将使得本书的研究成果更可信。

（3）在商业网点合理布局方面，还需要研究哪些区域应该增加商业网点，使得商业网点区位分布更具合理性；还可以研究各业态每个商业网点的最大规模是否应该进行限制，太大体量的网点是否存在弊端。

（4）在互联网日渐发达的今天，电子商务占零售市场的份额越来越大，但由于网络零售与商业空间结构的关系复杂，需要专项研究它们之间的互动关系。因作者精力有限，仅将网络零售对商业空间结构的影响作了概述，在这一方面未能开展较为深入的研究。

其实，需要拓展研究的问题远不止这些，也不是几个人能够彻底解决这个问题的，这是一个需要持续研究的问题。愿大家同心协力，为优化城市商业空间结构，降低城市交通拥堵、改善环境、节约资源、提高城市运转效率而努力。

附录1 长沙市商业网点规模、位置和业态类型调查表

网点序号	网点名称	规模（m²）	经度	纬度	年度业态类型			
					2000	2005	2010	2015
1	清水塘文化艺术市场	11340	112.995148	28.206135	0	0	3	3
2	鸿铭商业街	33000	113.009064	28.188212	0	0	3	3
3	长沙城南汽配大市场	50000	113.014447	28.098478	0	0	4	4
4	长沙第五大道商业街	18000	113.016931	28.181601	0	0	3	3
5	湘春路商业街	54000	112.986155	28.215093	0	0	3	3
6	化龙池清吧一条街	21000	112.983919	28.192994	0	0	3	3
7	白沙路茶文化街	42000	112.988127	28.186068	0	0	3	3
8	橙子498街区	18400	113.007753	28.140179	0	0	3	3
9	太平街历史文化街	24910	112.978563	28.199750	0	0	3	3
10	药王商业街	21000	112.980413	28.199383	0	0	3	3
11	晏家塘小商品一条街	21000	112.983969	28.189831	0	0	3	3
12	麓山南路文化创意街	42000	112.950907	28.185459	0	0	3	3
13	阜埠河路时尚艺术街	21000	112.952650	28.173506	0	0	3	3
14	金满地地下商业街	20000	112.983224	28.206283	3	3	3	3
15	大都市商业街	16100	113.000440	28.172079	0	3	3	3
16	蔡锷路通讯器材一条街	63000	112.987886	28.202991	0	3	3	3
17	湘女服饰文化街	35700	113.000564	28.196886	0	3	3	3
18	朝阳路IT产品一条街	47040	113.014320	28.196380	0	3	3	3
19	黄兴南路步行商业街	110000	112.982632	28.191349	0	3	3	3
20	坡子街民俗美食街	23500	112.976007	28.196665	0	3	3	3
21	解放西路酒吧一条街	38000	112.985154	28.197055	0	3	3	3
22	友谊阿波罗（现友谊商店）	50000	113.004247	28.200784	5	5	2	2
23	国货陈列馆（原中山商业大厦）	58000	112.986094	28.205880	5	0	5	5
24	维多利百货	10000	112.994737	28.235156		5		
25	通程金色家族	20000	113.000650	28.175490	5	2	2	2
26	家润多百货（现友阿百货）	16000	113.014165	28.190054	5	5	2	2
27	西城百货大楼（现指南针商业广场）	10000	112.956326	28.203867	5	2	2	2
28	新一佳（井湾子店）	6000	113.020547	28.130385	0	0	1	1
29	新一佳超市（书院南路）	5000	112.979947	28.147275	0	0	1	1
30	步步高（林大店）	8000	113.007507	28.139965	0	0	1	1
31	步步高（星沙店）	5000	113.062516	28.271264	0	0	1	1
32	步步高（红星店）	8000	113.020859	28.115612	0	0	1	1

续表

网点序号	网点名称	规模(m²)	经度	纬度	年度业态类型			
					2000	2005	2010	2015
33	步步高（书院南路店）	6000	112.978429	28.148810	0	0	1	1
34	恒生超市（桐梓坡路）	6000	112.960872	28.225805	0	0	1	1
35	精彩生活超市	5000	113.023605	28.214155	0	0	1	1
36	沃尔玛（万家丽店）	20000	113.036036	28.183321	0	0	1	1
37	家乐福超市（韶山南路店）	6000	113.007918	28.142556	0	0	1	1
38	大润发（长沙店）	8000	113.035190	28.191326	0	0	1	1
39	大润发（天心店）	6000	113.010871	28.133520	0	0	1	1
40	通程万惠城南路店	5000	113.008998	28.182744	0	0	1	1
41	通程万惠迎宾路店	5000	112.998497	28.202843	0	0	1	1
42	世纪联华超市	5000	112.999548	28.138513	0	0	1	1
43	家润多超市（朝阳店）	22000	113.012832	28.189880	1	1	1	1
44	家润多千禧店	6500	113.017720	28.203743	0	1	1	1
45	家润多（黄兴北路店）	5000	112.981996	28.209402	0	1	1	1
46	家润多（赤岗冲店）	5000	113.008392	28.171400	0	1	1	1
47	新一佳超市（侯家塘店）	13800	112.992351	28.177203	0	1	1	1
48	新一佳超市（通程店）	12600	112.959698	28.201658	0	1	1	1
49	新一佳（火车站店）	10000	113.015764	28.176842	0	1	1	1
50	新一佳（华夏店）	13800	112.989109	28.229922	0	1	1	1
51	步步高超市	8000	113.004617	28.173332	0	1	1	1
52	星电华银旺和购物广场	8000	112.952482	28.224166	0	1	1	1
53	华银旺和购物广场（新中路店）	10000	113.000065	28.156527	0	1	1	0
54	麦德龙超市	47000	113.018592	28.241235	0	1	1	1
55	好又多贩量购物中心	7000	112.982073	28.189698	0	1	1	1
56	沃尔玛雨花亭店	10000	113.001650	28.159949	0	1	1	1
57	沃尔玛万达店	8000	112.981673	28.196753	0	1	1	1
58	家乐福超市（芙蓉广场店）	8000	112.992093	28.201195	0	1	1	1
59	家乐福超市（贺龙店）	12000	112.991987	28.183151	0	1	1	1
60	家润多（星电店）	8000	112.952580	28.223912	0	0	0	1
61	家润多（湖大店）	5000	112.950551	28.175439	0	0	0	1
62	恒生超市西站店	7000	112.920089	28.217074	0	0	0	1
63	人人乐超市时代广场店	15000	112.916362	28.225867	0	0	0	1
64	华润万家奥克斯超市	16000	112.961886	28.229249	0	0	0	1
65	华润万家超市	22000	112.986469	28.256980	0	0	0	1
66	华润万家（V+城市店）	5000	112.977403	28.203899	0	0	0	1
67	家润多东风店	5000	112.999204	28.224435	0	0	0	1
68	步步高超市（现步步高电器城）	12000	113.043618	28.135493	0	0	1	4
69	华润万家华晨世纪店	8000	113.034908	28.174317	0	0	0	1
70	麦德龙（岳麓商场店）	35000	112.940922	28.253296	0	0	0	1
71	阿波罗商业广场	50000	113.015924	28.202562	0	2	2	2

网点序号	网点名称	规模（m²）	经度	纬度	年度业态类型			
					2000	2005	2010	2015
72	乐和城	40000	112.983411	28.204705	0	2	2	2
73	王府井百货大楼	60000	112.982312	28.198446	0	2	2	2
74	友谊商城	25000	113.001797	28.174024	0	2	2	2
75	凯德广场	25000	113.001870	28.160047	0	2	2	2
76	长沙悦荟广场	14000	112.981751	28.196696	0	2	2	2
77	通程商业广场	45000	112.959089	28.201238	0	2	2	2
78	世纪金源购物中心	200000	112.986278	28.257691	0	0	0	2
79	华盛世纪购物中心	150000	113.029864	28.119705	0	0	0	2
80	友阿奥特莱斯购物公园	300000	113.000889	28.077359	0	0	0	2
81	罗马商业广场	160000	112.888517	28.204010	0	0	0	2
82	步步高王府店	30000	113.014944	28.218198	0	0	0	2
83	渔湾码头商业广场	50000	112.950565	28.175177	0	0	0	2
84	步步高生活广场	50000	112.932372	28.166977	0	0	0	2
85	华润万家（湘府店）	33000	113.025356	28.115376	0	0	0	2
86	平和堂东塘店	20000	113.001509	28.176691	0	2	2	2
87	202五一大道	9000	112.981530	28.201543	0	2	2	2
88	大成国际	5000	112.986010	28.201177	0	2	2	2
89	嘉顿新天地	5000	112.981639	28.200316	0	2	2	2
90	景江东方	6000	112.980967	28.200628	0	2	2	2
91	新世界百货	40000	112.984729	28.200407	0	2	2	2
92	天健芙蓉盛世	22000	112.992807	28.231052	0	2	2	2
93	运达广场	6000	112.991700	28.208541	0	2	2	2
94	中天广场	20000	112.989392	28.201305	0	2	2	2
95	五一新干线大厦	10000	112.979768	28.200613	0	2	2	2
96	天虹百货	31000	112.993414	28.140743	0	2	2	2
97	上河国际商城	200000	113.035483	28.184458	0	2	2	2
98	锦绣中环大厦（原湘绣大楼）	50000	112.982260	28.200254	0	0	2	2
99	湖南省平和堂商贸大厦	52000	112.983601	28.200179	2	2	2	2
100	新大新	50000	112.983685	28.203559	0	2	2	2
101	春天百货	50000	112.982357	28.199647	0	2	2	2
102	万代购物广场	5000	112.982679	28.202318	0	2	2	2
103	铜锣湾商业广场	50000	112.981931	28.209361	0	2	2	0
104	君悦星城	17000	113.004754	28.172669	0	2	2	2
105	兴威名座大厦	6000	113.001827	28.178106	0	2	2	2
106	中隆国际	6500	112.988103	28.201309	0	2	2	2
107	奥克斯广场	270000	112.961048	28.228895	0	0	0	2
108	开福万达	270000	112.977457	28.204491	0	0	0	2
109	泊富国际广场	154000	112.990773	28.214735	0	0	0	2
110	德思勤城市广场	220000	113.019527	28.117450	0	0	0	2

网点序号	网点名称	规模（m²）	经度	纬度	年度业态类型			
					2000	2005	2010	2015
111	喜盈门范城	480000	113.040885	28.140344	0	0	0	2
112	悦方 ID mall	80000	112.981585	28.195349	0	0	0	2
113	湘腾商业广场(河西王府井)	100000	112.939775	28.225099	0	0	0	2
114	QQ 电脑城	5000	113.017229	28.198451	0	0	4	4
115	华海 3C	7000	113.014320	28.196380	0	0	4	4
116	赛博电脑城	5000	113.015793	28.196816	0	0	4	4
117	国际 IT 城	5000	113.013152	28.191603	0	0	4	4
118	长沙市出版物交易中心(现喜乐地购物中心)	60000	113.043187	28.137311	0	0	4	2
119	长沙茶市	50000	113.035398	28.176490	0	0	4	4
120	唐湘国际电器城	80000	113.044754	28.128392	0	0	4	4
121	中南肉类食品批发市场	30000	112.968224	28.107466	0	0	4	4
122	毛家桥大市场	30000	113.027466	28.241977	0	0	4	4
123	金盛建材市场	17000	112.921343	28.222670	0	0	4	4
124	和瑞化妆品城	20000	112.984925	28.205932	0	4	4	4
125	湖南纸业市场湘雅店面	8000	112.983476	28.219949	0	4	4	4
126	莲湖重型机械设备大市场	170000	113.035695	28.128476	0	4	4	4
127	新河大市场	6600	112.987344	28.232306	0	4	4	4
128	下河街大市场	5000	112.976195	28.198628	0	4	4	4
129	红星农副产品大市场	300000	113.022063	28.113472	0	4	4	4
130	三湘南湖大市场	325700	113.020519	28.205192	0	4	4	4
131	红星日用商品大市场	30000	113.022146	28.114424	0	4	4	4
132	毛家桥水果大市场(东二环店)	13000	113.027884	28.241365	0	4	4	4
133	东大门金属设备大市场	30000	113.065671	28.211694	0	4	4	4
134	南湖五金大市场	30000	113.020372	28.214902	0	4	4	4
135	e 时代电讯市场	12000	112.991688	28.204304	0	4	4	4
136	马王堆蔬菜市场	30000	113.037936	28.201957	0	4	4	4
137	金苹果大市场	22000	113.019291	28.193577	0	4	4	4
138	合峰电脑城	5000	113.012619	28.196339	0	4	4	4
139	国储电脑城	8000	113.016826	28.197567	0	4	4	4
140	天心电脑城	5000	113.013620	28.195710	0	4	4	4
141	恒业陶瓷精品城	15000	113.028478	28.203989	0	4	4	0
142	安防器材市场	30000	113.022377	28.202285	0	4	4	4
143	老照壁美容美发市场	6500	112.986342	28.202775	0	4	4	4
144	东大门皮革鞋料市场	38500	113.068248	28.206530	0	4	4	4
145	瑞祥陶瓷市场	80000	113.060562	28.206697	0	4	4	4
146	马王堆商贸城	35000	113.038415	28.200471	0	4	4	4
147	马王堆汽配市场	130000	113.037421	28.205505	0	4	4	4
148	马王堆广告材料商场	6500	113.034732	28.208489	0	4	4	4

网点序号	网点名称	规模 (m²)	经度	纬度	年度业态类型			
					2000	2005	2010	2015
149	晓园数码摄影器材城	6800	113.017060	28.200501	0	4	4	4
150	万家丽家具建材超市	57000	113.036094	28.198803	0	4	4	4
151	东方家园建材超市(现好百年家居)	53000	113.038533	28.198639	0	4	4	4
152	通程电器(八一锦华店)	6000	113.015751	28.203446	0	4	4	4
153	花鸟鱼虫市场	7000	112.992690	28.219480	0	4	4	4
154	高桥大市场	500000	113.025221	28.178334	0	4	4	4
155	红星建材市场	50000	113.022309	28.114473	0	4	4	4
156	井湾子家居广场	30000	113.011852	28.133548	0	4	4	4
157	宝马家具城	15000	113.006007	28.145537	0	4	4	4
158	友谊汽配城	30000	113.021857	28.173042	0	4	4	4
159	长沙建筑材料大市场(现湖南东岸建材批发大市场)	11000	113.065019	28.197698	0	4	4	4
160	长沙设备交易中心	50000	113.011493	28.094143	0	4	4	4
161	雨花机电市场	18000	113.017029	28.099330	0	4	4	4
162	红星花卉大市场	100000	113.039775	28.103199	0	4	4	4
163	三湘布市	6000	113.008300	28.140782	0	4	4	4
164	金盛布市	5800	112.977416	28.171634	0	4	4	0
165	红星美凯龙家具超市	9800	112.988852	28.184496	0	4	4	4
166	天心家具城	6000	112.977162	28.168970	0	4	4	4
167	湖南汽车城	20000	113.000157	28.228927	0	4	4	4
168	沙湖桥市场	6600	112.995694	28.231114	0	4	4	4
169	伍家岭建材市场	9600	112.996822	28.231762	0	4	4	4
170	安居乐家具建材市场	35000	112.960625	28.236259	0	4	4	4
171	广大环球家具市场	100000	112.918053	28.221735	0	4	4	4
172	郁金香装饰建材市场	50000	112.920176	28.221558	0	4	4	4
173	湘浙小商品批发市场	60000	112.917183	28.215376	0	4	4	4
174	新芙蓉(国际)家居建材广场	24000	112.992250	28.146598	0	4	4	4
175	居然之家(高桥店)	45000	113.034678	28.175402	0	4	4	4
176	赛格数码广场(原晓园百货大楼)	15000	113.016772	28.199559	5	4	4	4
177	马王堆海鲜水产品批发市场	32000	113.040616	28.199612	0	0	0	4
178	双扬石材市场	40000	113.061357	28.215883	0	0	0	4
179	红星灯世界	50000	113.017381	28.110621	0	0	0	4
180	月湖大市场	120000	113.049615	28.233756	0	0	0	4
181	麓谷汽车世界	30000	112.867781	28.209638	0	0	0	4

注：业态类型中的数字1,2,3,4,5分别表示业态：大型综合超市、购物中心、商业街、专业大卖场和百货店。0表示当年没有网点。

附录2　长沙市各街道面积、人数和 位置调查表

街道序号	街道名称	街道面积（hm²）	经度	纬度	年度人口数（人）			
					2000	2005	2010	2015
1	解放路街道	33.27	112.984246	28.194992	14596	11497	9056	9381
2	府后街街道	34.06	112.984642	28.204835	12838	12136	11473	11885
3	都正街街道	32.88	112.990680	28.193633	13629	12856	12127	12562
4	浏正街街道	46.33	112.990697	28.199837	13580	12585	11664	12083
5	文艺路街道	95.36	112.995415	28.194403	39449	38697	37961	39323
6	朝阳街街道	135.31	113.014954	28.198762	46363	42256	38513	39895
7	韭菜园街道	220.93	112.998750	28.202217	43357	42536	41731	43228
8	五里牌街道	106.41	113.016408	28.201813	15742	14124	12673	13128
9	湘湖街道	182.14	113.020625	28.212376	14951	22198	32959	34142
10	火星街道	61.35	113.028193	28.210644	24544	47983	68948	71422
11	东屯渡街道	97.99	113.044569	28.197089	33393	27340	30455	31548
12	马王堆街道	562.71	113.023952	28.191970	47893	70899	104958	108724
13	东岸街道	2377.35	113.062933	28.203536	69739	88172	111479	115479
14	坡子街街道	82.47	112.980581	28.195375	21022	18339	16000	20093
15	学院街街道	82.83	112.980765	28.190771	21275	17898	15058	18910
16	城南路街道	128.68	112.986287	28.188801	41352	39040	36858	46288
17	书院路街道	176.64	112.977548	28.188292	36229	32979	30022	37703
18	裕南街街道	407.60	112.977525	28.169516	67413	68105	68805	86408
19	金盆岭街道	430.77	112.989308	28.160912	79875	89947	101291	127205
20	新开铺街道	1064.47	112.974498	28.138543	88027	96798	106445	133678
21	青园街道	412.59	113.006867	28.127738	26000	31213	37472	47059
22	桂花坪街道	570.49	112.987633	28.111016	21000	16475	12926	16233
23	侯家塘街道	177.82	112.993193	28.178424	53679	58628	64034	72927
24	东塘街道	241.07	112.995083	28.160160	42690	39798	37103	42256
25	左家塘街道	483.94	113.014768	28.176555	102766	114977	128641	146506
26	砂子塘街道	242.66	113.007148	28.158506	57762	58167	58575	66710
27	高桥街道	492.54	113.031726	28.174112	38576	52917	72591	82672
28	雨花亭街道	1440.06	113.039025	28.143636	111933	138042	170243	193885
29	圭塘街道	886.05	113.055978	28.134361	34345	43355	54729	62329
30	洞井街道	4197.84	113.044797	28.103278	32373	48751	73415	83610
31	通泰街街道	181.73	112.980843	28.209498	16679	39063	44100	47120

街道序号	街道名称	街道面积（hm²）	经度	纬度	年度人口数（人）			
					2000	2005	2010	2015
32	望麓园街道	100.11	112.990676	28.211870	28198	48039	43880	46884
33	清水塘街道	237.72	112.995853	28.205096	13344	18723	26271	28070
34	湘雅路街道	199.13	112.985637	28.219920	24395	48352	48092	51385
35	新河街道	442.31	112.988221	28.226327	41483	40982	40489	43261
36	东风路街道	263.30	112.999074	28.223197	48614	59268	49674	53075
37	伍家岭街道	216.84	112.999375	28.232228	43816	51493	60517	64661
38	四方坪街道	457.73	113.018666	28.240444	11193	26866	64486	68901
39	洪山街道	2165.16	113.024556	28.255433	26893	41077	62744	67040
40	芙蓉北路街道	574.36	112.992866	28.254210	4141	12091	35304	37721
41	捞刀河街道	8738.24	112.998639	28.302285	50345	50857	51376	54894
42	银盆岭街道	579.02	112.960759	28.228157	42303	47347	52994	54628
43	望月湖街道	206.54	112.958902	28.207468	32240	33612	35043	36123
44	橘子洲街道	818.09	112.957797	28.170722	93666	87150	81089	83589
45	西湖街道	593.56	112.937903	28.209449	40177	41856	43606	44950
46	咸嘉湖街道	250.41	112.928306	28.228427	3649	12010	39534	40753
47	望城坡街道	522.35	112.923440	28.211016	30836	44520	64278	66260
48	岳麓街道	2055.55	112.935810	28.166463	64824	72625	81367	83876
49	观沙岭街道	1327.84	112.958564	28.238483	33917	41722	51324	52906
50	望岳街道	1446.03	112.929596	28.236599	20494	23874	27812	28669
51	天顶街道	1142.09	112.895727	28.207607	33518	39508	46569	48005
52	东方红镇	2100.08	112.865555	28.215914	14315	11359	9014	9292
53	梅溪湖街道	1900.01	112.871512	28.196334	—	—	8071	8320

附录3 长沙市各街道面积、住宅套数和位置调查表

街道序号	街道名称	街道面积（hm²）	经度	纬度	年度住宅套数(套)			
					2000	2005	2010	2015
1	解放路街道	33.27	112.984246	28.194992	4085	4085	4475	4475
2	府后街街道	34.06	112.984642	28.204835	3593	3965	3965	4742
3	都正街街道	32.88	112.990680	28.193633	3815	3815	3815	3815
4	浏正街街道	46.33	112.990697	28.199837	3801	3801	6755	8550
5	文艺路街道	95.36	112.995415	28.194403	11042	13209	13839	14415
6	朝阳街街道	135.31	113.014954	28.198762	12977	15509	17248	17924
7	韭菜园街道	220.93	112.998750	28.202217	12136	12136	12838	12838
8	五里牌街道	106.41	113.016408	28.201813	4406	5321	5321	6185
9	湘湖街道	182.14	113.020625	28.212376	4185	7829	10709	12059
10	火星街道	61.35	113.028193	28.210644	6870	10579	10817	11147
11	东屯渡街道	97.99	113.044569	28.197089	9347	31074	45570	49160
12	马王堆街道	562.71	113.023952	28.191970	13405	20949	37285	49909
13	东岸街道	2377.35	113.062933	28.203536	19520	19520	31497	37267
14	坡子街街道	82.47	112.980581	28.195375	5884	6908	7376	7376
15	学院街街道	82.83	112.980765	28.190771	5955	6227	6227	6227
16	城南路街道	128.68	112.986287	28.188801	11575	11807	15076	16676
17	书院路街道	176.64	112.977548	28.188292	10141	10463	11323	11323
18	裕南街街道	407.60	112.977525	28.169516	18869	22188	23770	24814
19	金盆岭街道	430.77	112.989308	28.160912	22357	29790	49192	74928
20	新开铺街道	1064.47	112.974498	28.138543	24639	30618	50881	65213
21	青园街道	412.59	113.006867	28.127738	7278	18886	35789	41328
22	桂花坪街道	570.49	112.987633	28.111016	5878	10237	29241	39716
23	侯家塘街道	177.82	112.993193	28.178424	15025	15025	20116	22069
24	东塘街道	241.07	112.995083	28.160160	11949	16803	29642	34166
25	左家塘街道	483.94	113.014768	28.176555	28765	40828	58405	60106
26	砂子塘街道	242.66	113.007148	28.158506	16168	18708	22695	28966
27	高桥街道	492.54	113.031726	28.174112	10798	18678	32570	35520
28	雨花亭街道	1440.06	113.039025	28.143636	31330	45620	82414	104413
29	圭塘街道	886.05	113.055978	28.134361	9613	13824	37150	50353
30	洞井街道	4197.84	113.044797	28.103278	9061	15499	51557	101217
31	通泰街街道	181.73	112.980843	28.209498	4669	5322	7676	10346

续表

街道序号	街道名称	街道面积（hm²）	经度	纬度	年度住宅套数（套）			
					2000	2005	2010	2015
32	望麓园街道	100.11	112.990676	28.211870	7893	8682	12533	12533
33	清水塘街道	237.72	112.995853	28.205096	3735	3735	4397	4397
34	湘雅路街道	199.13	112.985637	28.219920	6828	6828	8020	8992
35	新河街道	442.31	112.988221	28.226327	11611	12347	18169	25362
36	东风路街道	263.30	112.999074	28.223197	13607	13607	13607	15156
37	伍家岭街道	216.84	112.999375	28.232228	12264	14696	20344	22993
38	四方坪街道	457.73	113.018666	28.240444	3133	9151	24836	34904
39	洪山街道	2165.16	113.024556	28.255433	7527	18326	56228	102539
40	芙蓉北路街道	574.36	112.992866	28.254210	1159	11032	44302	45757
41	捞刀河街道	8738.24	112.998639	28.302285	14092	14092	18006	18006
42	银盆岭街道	579.02	112.960759	28.228157	11841	14782	27334	33991
43	望月湖街道	206.54	112.958902	28.207468	9024	12232	13432	16795
44	橘子洲街道	818.09	112.957797	28.170722	26217	26217	26217	26217
45	西湖街道	593.56	112.937903	28.209449	11246	13860	15241	19651
46	咸嘉湖街道	250.41	112.928306	28.228427	1021	3647	19114	23245
47	望城坡街道	522.35	112.923440	28.211016	8631	9513	14885	19352
48	岳麓街道	2055.55	112.935810	28.166463	18144	18144	25113	29046
49	观沙岭街道	1327.84	112.958564	28.238483	9494	18591	68814	80418
50	望岳街道	1446.03	112.929596	28.236599	5736	14228	31128	40362
51	天顶街道	1142.09	112.895727	28.207607	9382	10372	16394	21038
52	东方红镇	2100.08	112.865555	28.215914	4007	5007	21134	41302
53	梅溪湖街道	1900.01	112.871512	28.196334	—	—	8850	33205

附录4 街道居民购物出行时间调查 （望城坡街道）

(时间：min，里程：km)

网点序号	商业网点	步行时间	骑行时间	小汽车时间	公共汽车时间	公共交通时间	其中地铁时间	小汽车里程	公共汽车里程	公共交通里程
1	清水塘文化艺术市场	—	36	21	55	44	17	9.1	8.8	10.3
2	鸿铭商业街	—	43	30	69	49	17	11.2	12.4	11.0
3	长沙城南汽配大市场	—	87	36	104	—	—	22.4	23.6	—
4	长沙第五大道商业街	—	57	33	91	65	14	20.8	17.5	14.7
5	湘春路商业街	—	36	22	62	54	14	9.0	9.0	10.3
6	化龙池清吧一条街	—	34	22	61	43	14	8.9	9.5	8.9
7	白沙路茶文化街	—	38	25	62	54	17	9.5	11.8	11.7
8	橙子498街区	—	62	36	72	—	—	20.3	17.9	—
9	太平街历史文化街	—	30	33	49	32	12	7.3	7.5	7.5
10	药王商业街	—	29	24	48	31	14	7.1	8.9	8.2
11	晏家塘小商品一条街	—	36	29	62	—	—	9.3	12.3	—
12	麓山南路文化创意街	—	33	20	52	—	—	11.3	9.3	—
13	阜埠河路时尚艺术街	—	36	20	57	57	8	11.1	11.3	10.0
14	金满地地下商业街	—	33	22	60	38	14	8.6	10.6	8.5
15	大都市商业街	—	47	35	77	—	—	11.6	15.5	—
16	蔡锷路通信器材一条街	—	32	23	54	32	15	9.2	9.6	8.7
17	湘女服饰文化街	—	38	26	63	38	17	9.3	11.2	9.8
18	朝阳路IT产品一条街	—	43	29	67	46	21	10.7	12.6	11.9
19	黄兴南路步行商业街	—	31	23	53	32	14	7.5	9.0	8.1
20	坡子街民俗美食街	—	30	24	56	35	12	8.6	9.5	7.8
21	解放西路酒吧一条街	—	32	21	52	34	14	8.2	8.9	8.3
22	友谊阿波罗（现友谊商店）	—	38	27	60	36	19	10.1	11.7	10.4
23	国货陈列馆	—	34	21	54	38	14	8.6	9.5	8.6
24	维多利百货	—	40	20	67	—	—	10.4	12.4	—
25	通程金色家族	—	46	35	74	—	—	12.0	15.3	—
26	家润多百货（现友阿百货）	—	46	33	76	52	21	12.6	13.6	12.4
27	西城百货大楼（现指南针商业广场）	—	20	11	39	23	8	4.7	6.6	5.4
28	新一佳（井湾子店）	—	70	32	90	—	—	20.9	19.8	—
29	新一佳超市（书院南路）	—	54	24	56	—	—	16.1	14.4	—
30	步步高（林大店）	—	62	31	73	—	—	19.4	17.9	—

网点序号	商业网点	步行时间	骑行时间	小汽车时间	公共汽车时间	公共交通时间	其中地铁时间	小汽车里程	公共汽车里程	公共交通里程
31	步步高（星沙店）	—	78	31	103	95	21	24.8	25.0	23.0
32	步步高（红星店）	—	75	34	85	—	—	21	21.1	—
33	步步高（书院南路店）	—	53	27	61	—	—	17.1	14.4	—
34	恒生超市（桐梓坡路）	—	23	12	44	—	—	6.4	7.0	—
35	精彩生活超市	—	51	30	60	57	21	11.8	13.0	13.7
36	沃尔玛（万家丽店）	—	57	40	94	55	25	19.6	22.0	14.5
37	家乐福超市（韶山南路店）	—	62	28	74	—	—	18.9	17.7	—
38	大润发（长沙店）	—	55	40	89	47	25	18.4	17.5	13.7
39	大润发（天心店）	—	66	31	78	—	—	19.4	18.9	—
40	通程万惠城南路店	—	45	34	77	58	21	11.2	13.7	13.9
41	通程万惠迎宾路店	—	36	25	59	33	17	8.9	10.9	9.5
42	世纪联华超市	—	61	28	81	75	15	18.2	17.2	16.5
43	家润多超市（朝阳店）	—	45	32	75	53	21	11.2	13.5	12.5
44	家润多千禧店	—	44	32	66	40	21	10.9	13.0	11.5
45	家润多（黄兴北路店）	—	35	20	58	40	14	8.4	10.6	8.7
46	家润多（赤岗冲店）	—	50	33	75	—	—	12.3	15.7	—
47	新一佳超市（侯家塘店）	—	42	26	67	60	15	10.5	13.8	11.3
48	新一佳超市（通程店）	—	21	13	44	28	8	5.1	7.0	5.6
49	新一佳（火车站店）	—	51	35	91	60	21	12.8	17.1	14.1
50	新一佳（华夏店）	—	39	19	69	59	12	10.0	12.5	11.5
51	步步高超市	—	47	31	70	—	—	11.6	15.0	—
52	星电华银旺和购物广场	62	19	10	38	—	—	4.7	6.0	—
53	华银旺和购物广场（新中路店）	—	54	28	81	65	19	19.2	18.0	15.6
54	麦德龙超市	—	50	24	68	67	21	11.8	13.8	16.4
55	好又多贩量购物中心	—	35	22	60	49	12	9.3	12.2	9.4
56	沃尔玛雨花亭店	—	53	26	79	—	—	18.7	17.6	—
57	沃尔玛万达店	—	30	20	52	34	14	7.7	9.1	8.3
58	家乐福超市（芙蓉广场店）	—	34	20	57	32	15	8.5	9.9	8.7
59	家乐福超市（贺龙店）	—	40	24	64	55	15	10.0	12.0	11.1
60	家润多（星电店）	61	19	10	38	—	—	4.6	6.0	—
61	家润多（湖大店）	—	33	17	51	—	—	10.3	9.2	—
62	恒生超市西站店	13	4	3	15	—	—	0.9	2.4	—
63	人人乐超市时代广场店	28	9	8	23	57	—	2.7	3.5	—
64	华润万家奥克斯超市	—	25	9	45	—	—	5.9	8.2	—
65	华润万家超市	—	51	17	76	—	—	12.6	14.6	—
66	华润万家（V+城市店）	—	31	19	55	36	12	7.7	9.3	7.8
67	家润多东风店	—	43	19	74	63	17	10.7	14.9	12.5

续表

网点序号	商业网点	步行时间	骑行时间	小汽车时间	公共汽车时间	公共交通时间	其中地铁时间	小汽车里程	公共汽车里程	公共交通里程
68	步步高超市（现步步高电器城）	—	75	36	98	78	34	23.2	22.2	22.1
69	华润万家华晨世纪店	—	61	39	122	68	31	14.8	20.2	18.2
70	麦德龙（岳麓商场店）	—	26	7	48	—	—	5.7	7.4	—
71	阿波罗商业广场	—	43	26	67	41	21	10.7	13.1	11.7
72	乐和城	—	31	18	55	32	14	7.5	9.4	8.1
73	王府井百货大楼	—	30	21	53	32	14	7.7	9.2	8.1
74	友谊商城	—	46	31	71			11.4	15.1	
75	凯德广场	—	52	30	81	—	—	18.7	17.6	—
76	长沙悦荟广场	—	32	26	58	41	14	9.0	9.5	8.8
77	通程商业广场	60	20	12	39	23	8	4.7	6.6	5.4
78	世纪金源购物中心	—	51	18	76	—	—	12.2	14.6	—
79	华盛世纪购物中心	—	77	39	99	90	31	22.3	21.8	24.8
80	友阿奥特莱斯购物公园	—	90	37	111	—	—	22.2	24.6	—
81	罗马商业广场	59	18	13	35	—	—	5.9	4.8	—
82	步步高王府店	—	50	28	68	59	21	12.0	11.6	13.6
83	渔湾码头商业广场	—	33	21	51	—	—	10.2	9.2	—
84	步步高生活广场	—	26	13	35	—	—	8.3	7.2	—
85	华润万家（湘府店）	—	77	37	93	—	—	21.5	21.7	—
86	平和堂东塘店	—	47	36	74	63	19	11.8	13.8	13.2
87	202五一大道	—	30	24	51	29	14	8.4	9.1	7.9
88	大成国际	—	32	21	54	32	14	7.8	9.6	8.1
89	嘉顿新天地	—	30	22	50	29	14	7.3	9.1	8.0
90	景江东方	—	28	18	47	30	14	6.9	8.8	8.0
91	新世界百货	—	30	19	48	29	14	7.3	9.3	7.9
92	天健芙蓉盛世	—	40	22	65	—	—	10.2	11.7	—
93	运达广场	—	34	19	51	44	15	8.3	8.2	9.7
94	中天广场	—	33	22	54	29	15	8.4	9.7	8.5
95	五一新干线大厦	—	29	18	47	30	14	6.9	8.8	8.0
96	天虹百货		59	31	78			17.6	17.0	
97	上河国际商城	—	55	46	96	57	25	15.1	18.0	14.6
98	锦绣中环大厦（原湘绣大楼）	—	30	23	51	29	14	7.3	9.1	8.0
99	湖南省平和堂商贸大厦	—	30	21	50	29	14	7.2	9.4	8.0
100	新大新	—	31	24	56	31	14	8.1	9.8	8.0
101	春天百货	—	29	22	51	28	14	7.1	9.0	7.9
102	万代购物广场	—	31	25	52	28	14	9.3	9.1	7.8
103	铜锣湾商业广场	—	35	24	59	40	14	9.7	10.6	8.7
104	君悦星城	—	48	32	71	—	—	11.7	15.1	—
105	兴威名座大厦	—	46	36	71	60	19	11.6	13.6	13.0
106	中隆国际	—	31	22	51	33	15	8.8	9.5	8.8

续表

网点序号	商业网点	步行时间	骑行时间	小汽车时间	公共汽车时间	公共交通时间	其中地铁时间	小汽车里程	公共汽车里程	公共交通里程
107	奥克斯广场	—	25	12	46	—	—	6.3	8.0	—
108	开福万达	—	31	21	55	36	12	7.6	9.3	7.8
109	泊富国际广场	—	35	25	54	52	17	10.1	10.3	11.6
110	德思勤城市广场	—	75	36	89	—	—	21.2	21.4	—
111	喜盈门范城	—	75	43	96	79	25	22.7	22.2	20.0
112	悦方 Idmall	—	31	28	58	41	14	8.9	9.5	8.8
113	湘腾商业广场（河西王府井）	51	16	10	27	—	—	3.9	5.3	—
114	QQ 电脑城	—	43	32	65	38	21	11.2	12.9	11.4
115	华海 3C	—	43	29	67	43	21	10.7	12.7	11.7
116	赛博电脑城	—	44	31	68	41	21	11.1	13.2	11.6
117	国际 IT 城	—	45	30	71	50	21	12.4	13.0	12.3
118	长沙市出版物交易中心（现喜乐地购物中心）	—	75	40	97	80	34	23.3	22.1	22.2
119	长沙茶市	—	61	37	119	66	31	22.8	26.0	18.8
120	唐湘国际电器城	—	79	42	108	81	25	26.6	23.3	21.1
121	中南肉类食品批发市场	—	72	24	90	—	—	17.2	19.4	—
122	毛家桥大市场	—	54	28	75	72	17	12.9	14.5	16.5
123	金盛建材市场	20	6	2	19	—	—	1.4	2.8	—
124	和瑞化妆品城	—	32	21	53	37	14	7.9	9.4	8.5
125	湖南纸业市场湘雅店面	—	38	19	72	55	17	8.5	15.4	12.8
126	莲湖重型机械设备大市场	—	81	39	97	86	31	23.1	22.3	23.5
127	新河大市场	—	37	19	67	—	—	9.5	12.2	—
128	下河街大市场	—	29	24	52	28	12	8.3	7.7	7.2
129	红星农副产品大市场	—	76	35	87	—	—	21.6	21.2	—
130	三湘南湖大市场	—	48	30	70	44	21	12.3	12.2	11.9
131	红星日用商品大市场	—	76	35	86	—	—	21.7	21.2	—
132	毛家桥水果大市场（东二环店）	—	54	26	84	72	17	12.9	15.6	16.5
133	东大门金属设备大市场	—	66	39	97	71	25	19.9	18.3	17.1
134	南湖五金大市场	—	50	30	62	57	21	14.2	11.6	13.7
135	e 时代电讯市场	—	34	22	58	34	15	8.7	9.4	8.9
136	马王堆蔬菜市场	—	55	38	94	49	25	13.5	16.1	13.9
137	金苹果大市场	—	46	35	70	43	21	11.8	13.3	11.8
138	合峰电脑城	—	42	29	65	44	21	10.4	12.6	11.9
139	国储电脑城	—	44	32	69	41	21	11.2	13.2	11.6
140	天心电脑城	—	43	30	66	45	21	10.7	12.6	11.9
141	恒业陶瓷精品城	—	48	33	83	50	23	11.9	13.7	12.8
142	安防器材市场	—	46	32	72	47	23	11.4	13.5	12.6
143	老照壁美容美发市场	—	31	21	56	34	14	8.3	9.8	8.2
144	东大门皮革鞋料市场	—	64	43	91	62	25	16.9	17.2	16.7

续表

网点序号	商业网点	步行时间	骑行时间	小汽车时间	公共汽车时间	公共交通时间	其中地铁时间	小汽车里程	公共汽车里程	公共交通里程
145	瑞祥陶瓷市场	—	61	43	91	63	25	15.7	17.2	16.0
146	马王堆商贸城	—	53	36	66	42	25	25.4	21.8	13.3
147	马王堆汽配市场	—	55	40	92	56	25	14.2	16.1	14.4
148	马王堆广告材料商场	—	53	38	81	56	25	13.4	15.7	14.4
149	晓园数码摄影器材城	—	43	30	61	35	21	11.8	12.7	11.2
150	万家丽家具建材超市	—	54	36	98	38	25	19.4	21.5	13.1
151	东方家园建材超市（现好百年家居）	—	54	38	99	39	25	20.0	21.6	13.1
152	通程电器（八一锦华店）	—	44	32	68	42	21	12.0	12.0	11.7
153	花鸟鱼虫市场	—	52	33	63	60	23	12.2	13.2	14.4
154	高桥大市场	—	56	31	87	59	23	21.9	15.7	14.1
155	红星建材市场	—	76	37	86	—	—	21.7	21.2	—
156	井湾子家居广场	—	67	33	80	—	—	20.3	19.5	—
157	宝马家具城	—	60	28	69	—	—	18.5	17.4	—
158	友谊汽配城	—	55	37	87	61	23	15.2	16.6	14.8
159	长沙建筑材料大市场（现湖南东岸建材批发大市场）	—	66	41	90	62	28	21.5	18.4	17.2
160	长沙设备交易中心	—	86	35	105	—	—	25.0	24.9	—
161	雨花机电市场	—	83	41	103	—	—	23.2	23.2	—
162	红星花卉大市场	—	90	44	110	—	—	28.2	24.9	—
163	三湘布市	—	62	36	75	—	—	20.7	17.8	—
164	金盛布市	—	43	26	76	—	—	10.5	16.9	—
165	红星美凯龙家具超市	—	42	27	67	59	15	10.3	13.6	11.3
166	天心家具城	—	43	24	82	—	—	10.6	17.4	—
167	湖南汽车城	—	44	21	71	58	17	11.1	10.9	13.0
168	沙湖桥市场	—	42	22	70	—	—	11.1	12.6	—
169	伍家岭建材市场	—	42	21	72	—	—	11.0	12.8	—
170	安居乐家具建材市场	—	26	12	50	—	—	6.4	8.8	—
171	广大环球家具市场	20	6	4	20	—	—	1.8	2.8	—
172	郁金香装饰建材市场	19	6	3	17	—	—	1.7	2.7	—
173	湘浙小商品批发市场	16	5	6	20	—	—	1.3	2.9	—
174	新芙蓉（国际）家居建材广场	—	56	23	68	—	—	19.2	16.3	—
175	居然之家（高桥店）	—	61	34	110	65	25	22.7	24.8	15.6
176	赛格数码广场（原晓园百货大楼）	—	42	29	61	35	21	10.4	12.7	11.1
177	马王堆海鲜水产品批发市场	—	55	40	95	46	25	14.3	16.4	13.7
178	双扬石材市场	—	66	37	94	72	25	15.6	17.2	17.4
179	红星灯世界	—	78	32	93	—	—	21.0	22.1	—
180	月湖大市场	—	64	32	83	66	25	15.4	17.0	17.5
181	麓谷汽车世界	—	27	18	48	—	—	6.8	6.7	—

附录5 人口对应的零售商业网点需求规模

网点序号	网点名称	实际规模（m²）	需求规模（m²）			
			2000年	2005年	2010年	2015年
1	清水塘文化艺术市场	11340	0.00	0.00	7695.40	8166.55
2	鸿铭商业街	33000	0.00	0.00	7181.86	7808.48
3	长沙第五大道商业街	18000	0.00	0.00	11089.96	11777.26
4	湘春路商业街	54000	0.00	0.00	18783.48	20018.91
5	化龙池清吧一条街	21000	0.00	0.00	4923.26	5536.70
6	白沙路茶文化街	42000	0.00	0.00	6466.00	7188.05
7	橙子498街区	18400	0.00	0.00	5640.98	6227.16
8	太平街历史文化街	24910	0.00	0.00	7769.36	8822.55
9	药王商业街	21000	0.00	0.00	6655.80	7458.52
10	晏家塘小商品一条街	21000	0.00	0.00	6926.62	7691.51
11	麓山南路文化创意街	42000	0.00	0.00	10745.97	11351.31
12	阜埠河路时尚艺术街	21000	0.00	0.00	5065.32	5439.46
13	金满地地下商业街	20000	0.00	19719.52	12407.38	13601.37
14	大都市商业街	16100	0.00	17100.73	9870.98	10607.55
15	蔡锷路通信器材一条街	63000	0.00	12455.75	7260.40	8308.11
16	湘女服饰文化街	35700	0.00	19704.71	11812.31	12961.26
17	朝阳路IT产品一条街	47040	0.00	12705.57	7844.00	8098.08
18	黄兴南路步行商业街	110000	0.00	35348.25	20516.57	23674.97
19	坡子街民俗美食街	23500	0.00	19084.86	11209.99	12889.25
20	解放西路酒吧一条街	38000	0.00	37843.92	22427.78	25215.65
21	友谊阿波罗（现友谊商店）	50000	82849.70	17030.03	19287.19	9019.61
22	国货陈列馆（原中山商业大厦）	58000	40317.75	0.00	8921.00	3986.59
23	维多利百货	10000	0.00	7563.11	0.00	0.00
24	通程金色家族	20000	97866.36	18476.10	20461.25	9011.29
25	家润多百货（现友阿百货）	16000	68506.62	14024.21	15871.07	7014.32
26	西城百货大楼（现指南针商业广场）	10000	39032.07	7561.56	8588.04	3528.43
27	新一佳（井湾子店）	6000	0.00	0.00	4362.87	5075.32
28	新一佳超市（书院南路）	5000	0.00	0.00	5800.22	6013.43
29	步步高（林大店）	8000	0.00	0.00	7588.06	8686.33
30	步步高（星沙店）	5000	0.00	0.00	2654.22	2692.59
31	步步高（红星店）	8000	0.00	0.00	5939.44	6845.50
32	步步高（书院南路店）	6000	0.00	0.00	6742.61	7115.27

续表

网点序号	网点名称	实际规模（m²）	需求规模（m²）			
			2000 年	2005 年	2010 年	2015 年
33	恒生超市（桐梓坡路）	6000	0.00	0.00	10471.56	6155.10
34	精彩生活超市	5000	0.00	0.00	6813.66	6056.65
35	沃尔玛（万家丽店）	20000	0.00	0.00	6860.93	6786.30
36	家乐福超市（韶山南路店）	6000	0.00	0.00	5108.14	5915.26
37	大润发（长沙店）	8000	0.00	0.00	9387.00	9145.82
38	大润发（天心店）	6000	0.00	0.00	5315.23	6025.23
39	通程万惠城南路店	5000	0.00	0.00	5008.31	5273.92
40	通程万惠迎宾路店	5000	0.00	0.00	9796.55	9781.96
41	世纪联华超市	5000	0.00	0.00	4232.27	4940.00
42	家润多超市（朝阳店）	22000	12783.18	8419.41	7636.86	7732.21
43	家润多千禧店	6500	0.00	8850.05	8239.27	7947.10
44	家润多（黄兴北路店）	5000	0.00	8967.42	9527.76	8729.71
45	家润多（赤岗冲店）	5000	0.00	8779.89	8617.95	9617.99
46	新一佳超市（侯家塘店）	13800	0.00	14459.71	14328.07	15300.36
47	新一佳超市（通程店）	12600	0.00	13914.91	13081.72	11541.15
48	新一佳（火车站店）	10000	0.00	19220.95	20861.33	24279.84
49	新一佳（华夏店）	13800	0.00	6867.73	6956.95	5496.65
50	步步高超市	8000	0.00	9551.47	8407.27	9055.38
51	星电华银旺和购物广场	8000	0.00	8875.64	8465.39	6464.83
52	华银旺和购物广场（新中路店）	10000	0.00	11235.80	9636.30	0.00
53	麦德龙超市	47000	0.00	13204.60	15177.16	13208.24
54	好又多贩量购物中心	7000	0.00	11674.05	10868.65	11154.97
55	沃尔玛雨花亭店	10000	0.00	8111.17	6908.67	7494.42
56	沃尔玛万达店	8000	0.00	10768.37	10019.51	9947.81
57	家乐福超市（芙蓉广场店）	8000	0.00	12055.08	10974.61	10581.87
58	家乐福超市（贺龙店）	12000	0.00	13785.37	12659.43	12733.22
59	家润多（星电店）	8000	0.00	0.00	0.00	3978.97
60	家润多（湖大店）	5000	0.00	0.00	0.00	4747.10
61	恒生超市西站店	7000	0.00	0.00	0.00	6101.30
62	人人乐超市时代广场店	15000	0.00	0.00	0.00	10956.91
63	华润万家奥克斯超市	16000	0.00	0.00	0.00	18567.56
64	华润万家超市	22000	0.00	0.00	0.00	8485.31
65	华润万家（V＋城市店）	5000	0.00	0.00	0.00	5030.30
66	家润多东风店	5000	0.00	0.00	0.00	10944.91
67	步步高超市（现步步高电器城）	12000	0.00	0.00	6543.09	427.39
68	华润万家华晨世纪店	8000	0.00	0.00	0.00	9436.57
69	麦德龙（岳麓商场店）	35000	0.00	0.00	0.00	21068.07
70	阿波罗商业广场	50000	0.00	9359.01	10805.81	4759.40

网点序号	网点名称	实际规模（m²）	需求规模（m²）			
			2000 年	2005 年	2010 年	2015 年
71	乐和城	40000	0.00	26582.15	29192.19	14213.58
72	王府井百货大楼	60000	0.00	49262.64	53155.09	24404.38
73	友谊商城	25000	0.00	19364.23	21578.59	9565.46
74	凯德广场	25000	0.00	26151.94	29044.05	12083.62
75	长沙悦荟广场	14000	0.00	10255.84	10844.84	4867.99
76	通程商业广场	45000	0.00	46873.39	53566.15	22249.62
77	世纪金源购物中心	200000	0.00	0.00	0.00	48502.95
78	华盛世纪购物中心	150000	0.00	0.00	0.00	70206.76
79	友阿奥特莱斯购物公园	300000	0.00	0.00	0.00	25599.31
80	罗马商业广场	160000	0.00	0.00	0.00	3230.02
81	步步高王府店	30000	0.00	0.00	0.00	3613.61
82	渔湾码头商业广场	50000	0.00	0.00	0.00	0.00
83	步步高生活广场	50000	0.00	0.00	0.00	23518.11
84	华润万家（湘府店）	33000	0.00	0.00	0.00	3076.23
85	平和堂东塘店	20000	0.00	10097.43	11026.95	4951.28
86	202 五一大道	9000	0.00	7029.47	7727.04	3601.79
87	大成国际	5000	0.00	4187.28	4599.89	2120.03
88	嘉顿新天地	5000	0.00	3899.65	4192.47	1959.74
89	景江东方	6000	0.00	4939.97	5447.61	2499.87
90	新世界百货	40000	0.00	42852.61	47411.90	22505.97
91	天健芙蓉盛世	22000	0.00	17061.09	20851.63	7871.46
92	运达广场	6000	0.00	13921.46	14729.75	6429.72
93	中天广场	20000	0.00	19195.12	21309.92	9499.60
94	五一新干线大厦	10000	0.00	8062.72	8884.46	4091.46
95	天虹百货	31000	0.00	7533.96	8675.91	3492.18
96	上河国际商城	200000	0.00	153139.15	188412.61	81747.30
97	锦绣中环大厦（原湘绣大楼）	50000	0.00	0.00	17033.76	7955.74
98	湖南省平和堂商贸大厦	52000	219361.08	42710.22	47055.64	21833.35
99	新大新	50000	0.00	23360.56	25708.59	12098.87
100	春天百货	50000	0.00	18102.81	19742.27	9006.02
101	万代购物广场	5000	0.00	3944.68	4349.63	2080.61
102	铜锣湾商业广场	50000	0.00	47445.32	54105.36	0.00
103	君悦星城	17000	0.00	17818.60	19583.45	8712.31
104	兴威名座大厦	6000	0.00	5579.70	6171.33	2773.29
105	中隆国际	6500	0.00	5721.60	6251.12	2882.56
106	奥克斯广场	270000	0.00	0.00	0.00	60428.20
107	开福万达	270000	0.00	0.00	0.00	100478.50
108	泊富国际广场	154000	0.00	0.00	0.00	61424.95

续表

网点序号	网点名称	实际规模（m²）	需求规模（m²）			
			2000 年	2005 年	2010 年	2015 年
109	德思勤城市广场	220000	0.00	0.00	0.00	5809.42
110	喜盈门范城	480000	0.00	0.00	0.00	6776.63
111	悦方 ID mall	80000	0.00	0.00	0.00	55027.36
112	湘腾商业广场（河西王府井）	100000	0.00	0.00	0.00	27081.46
113	长沙市出版物交易中心（现喜乐地购物中心）	60000	0.00	0.00	0.00	20619.35
114	赛格数码广场（原晓园百货大楼）	15000	63896.84	0.00	0.00	0.00
	总计	4835190	624613.60	1071812.53	1316871.06	1448591.82

附录6 住宅套数对应的零售商业网点需求规模

网点序号	网点名称	实际规模（m²）	需求规模（m²）			
			2000 年	2005 年	2010 年	2015 年
1	清水塘文化艺术市场	11340	0.00	0.00	10539.54	13155.99
2	鸿铭商业街	33000	0.00	0.00	11259.23	14198.22
3	长沙第五大道商业街	18000	0.00	0.00	17350.18	20732.84
4	湘春路商业街	54000	0.00	0.00	29044.11	36845.57
5	化龙池清吧一条街	21000	0.00	0.00	7662.02	9916.43
6	白沙路茶文化街	42000	0.00	0.00	9963.24	12643.19
7	橙子498街区	18400	0.00	0.00	10068.60	12682.84
8	太平街历史文化街	24910	0.00	0.00	12210.85	16289.33
9	药王商业街	21000	0.00	0.00	9969.65	13174.88
10	晏家塘小商品一条街	21000	0.00	0.00	10605.66	12928.68
11	麓山南路文化创意街	42000	0.00	0.00	15835.36	20087.53
12	阜埠河路时尚艺术街	21000	0.00	0.00	7625.04	9874.33
13	金满地地下商业街	20000	0.00	18619.24	17170.02	22836.88
14	大都市商业街	16100	0.00	18577.06	16045.95	19421.30
15	蔡锷路通信器材一条街	63000	0.00	12616.34	10981.33	14693.76
16	湘女服饰文化街	35700	0.00	20821.17	18061.38	23094.49
17	朝阳路IT产品一条街	47040	0.00	13723.54	12058.48	14701.16
18	黄兴南路步行商业街	110000	0.00	36712.53	31731.61	42366.08
19	坡子街民俗美食街	23500	0.00	20045.30	17497.46	22710.23
20	解放西路酒吧一条街	38000	0.00	39916.93	34784.47	45001.33
21	友谊阿波罗(现友谊商店)	50000	74207.87	17709.54	28375.50	14468.44
22	国货陈列馆(原中山商业大厦)	58000	36112.32	0.00	13160.96	6306.66
23	维多利百货	10000	0.00	7935.72	0.00	0.00
24	通程金色家族	20000	87658.18	19846.62	31889.32	14321.40
25	家润多百货(现友阿百货)	16000	61360.88	15269.92	24450.17	11488.63
26	西城百货大楼(现指南针商业广场)	10000	34960.74	7856.67	13604.28	6092.84
27	新一佳(井湾子店)	6000	0.00	0.00	5753.18	7129.76
28	新一佳超市(书院南路)	5000	0.00	0.00	6682.39	7206.11
29	步步高(林大店)	8000	0.00	0.00	9512.41	11560.31

续表

网点序号	网点名称	实际规模 (m²)	需求规模(m²)			
			2000年	2005年	2010年	2015年
30	步步高(星沙店)	5000	0.00	0.00	3356.22	3796.73
31	步步高(红星店)	8000	0.00	0.00	8198.01	10637.84
32	步步高(书院南路店)	6000	0.00	0.00	7737.35	8458.07
33	恒生超市(桐梓坡路)	6000	0.00	0.00	14640.68	8727.66
34	精彩生活超市	5000	0.00	0.00	7042.55	7104.11
35	沃尔玛(万家丽店)	20000	0.00	0.00	7924.72	8469.88
36	家乐福超市(韶山南路店)	6000	0.00	0.00	6417.06	7945.83
37	大润发(长沙店)	8000	0.00	0.00	11380.93	11735.73
38	大润发(天心店)	6000	0.00	0.00	6926.45	8353.68
39	通程万惠城南路店	5000	0.00	0.00	5666.45	6271.80
40	通程万惠迎宾路店	5000	0.00	0.00	9028.73	9189.94
41	世纪联华超市	5000	0.00	0.00	5233.76	6513.96
42	家润多超市(朝阳店)	22000	12752.42	8653.05	8372.52	9102.42
43	家润多千禧店	6500	0.00	9246.41	8786.71	9484.36
44	家润多(黄兴北路店)	5000	0.00	7111.29	7750.39	7642.50
45	家润多(赤岗冲店)	5000	0.00	9085.82	9079.74	10459.49
46	新一佳超市(侯家塘店)	13800	0.00	13956.97	14208.36	14939.47
47	新一佳超市(通程店)	12600	0.00	13985.92	14267.36	13379.74
48	新一佳(火车站店)	10000	0.00	20649.86	22981.13	24779.44
49	新一佳(华夏店)	13800	0.00	6551.91	7726.59	6563.45
50	步步高超市	8000	0.00	9894.55	9475.68	10498.59
51	星电华银旺和购物广场	8000	0.00	9262.31	11414.49	8809.05
52	华银旺和购物广场(新中路店)	10000	0.00	11668.91	11207.39	0.00
53	麦德龙超市	47000	0.00	13686.73	17766.62	17387.83
54	好又多贩量购物中心	7000	0.00	11648.05	11221.80	11101.32
55	沃尔玛雨花亭店	10000	0.00	8722.90	8661.11	9759.68
56	沃尔玛万达店	8000	0.00	10889.91	10779.62	10834.81
57	家乐福超市(芙蓉广场店)	8000	0.00	11799.22	11755.29	12041.67
58	家乐福超市(贺龙店)	12000	0.00	13893.03	14049.30	14991.20
59	家润多(星电店)	8000	0.00	0.00	0.00	5386.27
60	家润多(湖大店)	5000	0.00	0.00	0.00	5106.66
61	恒生超市西站店	7000	0.00	0.00	0.00	7909.68
62	人人乐超市时代广场店	15000	0.00	0.00	0.00	15556.20
63	华润万家奥克斯超市	16000	0.00	0.00	0.00	25631.55
64	华润万家超市	22000	0.00	0.00	0.00	12998.64

网点序号	网点名称	实际规模（m²）	需求规模（m²）			
			2000 年	2005 年	2010 年	2015 年
65	华润万家（V+城市店）	5000	0.00	0.00	0.00	5764.42
66	家润多东风店	5000	0.00	0.00	0.00	10247.32
67	步步高超市（现步步高电器城）	12000	0.00	0.00	8626.25	810.08
68	华润万家华晨世纪店	8000	0.00	0.00	0.00	11202.84
69	麦德龙（岳麓商场店）	35000	0.00	0.00	0.00	30838.11
70	阿波罗商业广场	50000	0.00	10077.57	15804.29	7829.13
71	乐和城	40000	26642.33	42393.31	21772.88
72	王府井百货大楼	60000	0.00	50920.35	79975.39	38317.16
73	友谊商城	25000	0.00	20695.86	33311.92	15154.34
74	凯德广场	25000	0.00	29073.03	49878.66	21776.39
75	长沙悦荟广场	14000	0.00	10742.54	16301.41	7599.83
76	通程商业广场	45000	0.00	49132.53	86418.13	38729.82
77	世纪金源购物中心	200000	0.00	0.00	0.00	105876.55
78	华盛世纪购物中心	150000	0.00	0.00	0.00	145541.08
79	友阿奥特莱斯购物公园	300000	0.00	0.00	0.00	53878.97
80	罗马商业广场	160000	0.00	0.00	0.00	8191.95
81	步步高王府店	30000	0.00	0.00	0.00	6604.47
82	渔湾码头商业广场	50000	0.00	0.00	0.00	0.00
83	步步高生活广场	50000	0.00	0.00	0.00	33914.09
84	华润万家（湘府店）	33000	0.00	0.00	0.00	6466.77
85	平和堂东塘店	20000	0.00	10727.96	16788.26	7748.12
86	202 五一大道	9000	0.00	7234.23	11784.17	5826.66
87	大成国际	5000	0.00	4262.40	6867.54	3357.42
88	嘉顿新天地	5000	0.00	4009.98	6322.67	3119.53
89	景江东方	6000	0.00	5077.13	8204.92	3992.98
90	新世界百货	40000	0.00	43766.13	70848.01	35486.84
91	天健芙蓉盛世	22000	0.00	17694.12	34661.99	14094.99
92	运达广场	6000	0.00	11884.54	19593.60	8837.43
93	中天广场	20000	0.00	19614.69	31561.18	15231.68
94	五一新干线大厦	10000	0.00	8289.46	13296.03	6441.48
95	天虹百货	31000	0.00	8525.11	15551.61	6339.16
96	上河国际商城	200000	0.00	167633.63	301151.17	141515.33
97	锦绣中环大厦（原湘绣大楼）	50000	0.00	0.00	26091.11	12831.40
98	湖南省平和堂商贸大厦	52000	196480.11	43768.84	71159.06	34890.58
99	新大新	50000	0.00	23699.65	38341.15	19066.57

网点序号	网点名称	实际规模（m²）	需求规模(m²)			
			2000 年	2005 年	2010 年	2015 年
100	春天百货	50000	0.00	18719.40	30247.24	14501.38
101	万代购物广场	5000	0.00	4016.96	6561.55	3300.99
102	铜锣湾商业广场	50000	0.00	42369.64	72583.14	0.00
103	君悦星城	17000	0.00	18959.71	29553.96	13578.56
104	兴威名座大厦	6000	0.00	5892.69	9365.52	4356.27
105	中隆国际	6500	0.00	5872.48	9413.81	4601.72
106	奥克斯广场	270000	0.00	0.00	0.00	130828.76
107	开福万达	270000	0.00	0.00	0.00	159372.93
108	泊富国际广场	154000	0.00	0.00	0.00	100036.68
109	德思勤城市广场	220000	0.00	0.00	0.00	11925.69
110	喜盈门范城	480000	0.00	0.00	0.00	13207.09
111	悦方 ID mall	80000	0.00	0.00	0.00	85849.18
112	湘腾商业广场(河西王府井)	100000	0.00	0.00	0.00	51735.34
113	长沙市出版物交易中心（现喜乐地购物中心）	60000	0.00	0.00	0.00	41187.01
114	赛格数码广场（原晓园百货大楼）	15000	57231.93	0.00	0.00	0.00
	总计	4835190	560764.44	1109660.37	1899606.47	2461276.43

附录 7　常住人口对应的各商业网点相对偏差

网点序号	网点名称	2000 年	2005 年	2010 年	2015 年
1	清水塘文化艺术市场	0.00	0.00	0.32	0.28
2	鸿铭商业街	0.00	0.00	0.46	0.41
3	长沙第五大道商业街	0.00	0.00	0.38	0.35
4	湘春路商业街	0.00	0.00	0.48	0.44
5	化龙池清吧一条街	0.00	0.00	0.53	0.47
6	白沙路茶文化街	0.00	0.00	0.46	0.40
7	橙子498街区	0.00	0.00	0.41	0.35
8	太平街历史文化街	0.00	0.00	0.54	0.48
9	药王商业街	0.00	0.00	0.45	0.38
10	晏家塘小商品一条街	0.00	0.00	0.42	0.36
11	麓山南路文化创意街	0.00	0.00	0.55	0.53
12	阜埠河路时尚艺术街	0.00	0.00	0.58	0.55
13	金满地地下商业街	0.00	0.01	0.38	0.32
14	大都市商业街	0.00	−0.06	0.39	0.34
15	蔡锷路通信器材一条街	0.00	0.04	0.44	0.36
16	湘女服饰文化街	0.00	0.03	0.42	0.37
17	朝阳路 IT 产品一条街	0.00	0.05	0.42	0.40
18	黄兴南路步行商业街	0.00	0.12	0.49	0.41
19	坡子街民俗美食街	0.00	0.19	0.52	0.45
20	解放西路酒吧一条街	0.00	0.00	0.41	0.34
21	友谊阿波罗(现友谊商店)	−3.14	0.15	0.04	0.55
22	国货陈列馆(原中山商业大厦)	−3.03	0.00	0.11	0.60
23	维多利百货	0.00	0.24	0.00	0.00
24	通程金色家族	−3.89	0.08	−0.02	0.55
25	家润多百货(现友阿百货)	−3.28	0.12	0.01	0.56
26	西城百货大楼(现指南针商业广场)	−2.90	0.24	0.14	0.65
27	新一佳(井湾子店)	0.00	0.00	0.27	0.15
28	新一佳超市(书院南路)	0.00	0.00	−0.16	−0.20
29	步步高(林大店)	0.00	0.00	0.05	−0.09
30	步步高(星沙店)	0.00	0.00	0.47	0.46
31	步步高(红星店)	0.00	0.00	0.26	0.14
32	步步高(书院南路店)	0.00	0.00	−0.12	−0.19
33	恒生超市(桐梓坡路)	0.00	0.00	−0.75	−0.03

续表

网点序号	网点名称	2000 年	2005 年	2010 年	2015 年
34	精彩生活超市	0.00	0.00	−0.36	−0.21
35	沃尔玛(万家丽店)	0.00	0.00	−0.14	−0.13
36	家乐福超市(韶山南路店)	0.00	0.00	−0.02	−0.18
37	大润发(长沙店)	0.00	0.00	−0.17	−0.14
38	大润发(天心店)	0.00	0.00	0.11	0.00
39	通程万惠城南路店	0.00	0.00	0.00	−0.06
40	通程万惠迎宾路店	0.00	0.00	−0.96	−0.96
41	世纪联华超市	0.00	0.00	0.15	0.01
42	家润多超市(朝阳店)	−0.83	−0.20	−0.09	−0.11
43	家润多千禧店	0.00	−0.36	−0.27	−0.22
44	家润多(黄兴北路店)	0.00	−0.79	−0.91	−0.75
45	家润多(赤岗冲店)	0.00	−0.76	−0.72	−0.92
46	新一佳超市(侯家塘店)	0.00	−0.81	−0.79	−0.91
47	新一佳超市(通程店)	0.00	−0.16	−0.09	0.04
48	新一佳(火车站店)	0.00	−0.92	−1.09	−1.43
49	新一佳(华夏店)	0.00	−0.37	−0.39	−0.10
50	步步高超市	0.00	−0.19	−0.05	−0.13
51	星电华银旺和购物广场	0.00	−0.11	−0.06	0.19
52	华银旺和购物广场(新中路店)	0.00	−0.12	0.04	0.00
53	麦德龙超市	0.00	−0.10	−0.27	−0.10
54	好又多贩量购物中心	0.00	−0.67	−0.55	−0.59
55	沃尔玛雨花亭店	0.00	−0.35	−0.15	−0.25
56	沃尔玛万达店	0.00	−0.35	−0.25	−0.24
57	家乐福超市(芙蓉广场店)	0.00	−0.51	−0.37	−0.32
58	家乐福超市(贺龙店)	0.00	−0.15	−0.06	−0.06
59	家润多(星电店)	0.00	0.00	0.00	0.20
60	家润多(湖大店)	0.00	0.00	0.00	0.05
61	恒生超市西站店	0.00	0.00	0.00	0.13
62	人人乐超市时代广场店	0.00	0.00	0.00	0.27
63	华润万家奥克斯超市	0.00	0.00	0.00	−0.24
64	华润万家超市	0.00	0.00	0.00	0.29
65	华润万家(V+城市店)	0.00	0.00	0.00	−0.01
66	家润多东风店	0.00	0.00	0.00	−1.19
67	步步高超市(现步步高电器城)	0.00	0.00	−0.09	0.93
68	华润万家华晨世纪店	0.00	0.00	0.00	−0.18
69	麦德龙(岳麓商场店)	0.00	0.00	0.00	0.40
70	阿波罗商业广场	0.00	0.06	−0.08	0.52
71	乐和城	0.00	0.11	0.03	0.53
72	王府井百货大楼	0.00	0.18	0.11	0.59
73	友谊商城	0.00	0.03	−0.08	0.52
74	凯德广场	0.00	−0.05	−0.16	0.52

网点序号	网点名称	2000 年	2005 年	2010 年	2015 年
75	长沙悦荟广场	0.00	0.27	0.23	0.65
76	通程商业广场	0.00	0.28	0.18	0.66
77	世纪金源购物中心	0.00	0.00	0.00	0.76
78	华盛世纪购物中心	0.00	0.00	0.00	0.53
79	友阿奥特莱斯购物公园	0.00	0.00	0.00	0.92
80	罗马商业广场	0.00	0.00	0.00	0.98
81	步步高王府店	0.00	0.00	0.00	0.76
82	渔湾码头商业广场	0.00	0.00	0.00	1.00
83	步步高生活广场	0.00	0.00	0.00	0.53
84	华润万家(湘府店)	0.00	0.00	0.00	0.74
85	平和堂东塘店	0.00	−0.01	−0.10	0.51
86	202 五一大道	0.00	0.22	0.14	0.60
87	大成国际	0.00	0.16	0.08	0.58
88	嘉顿新天地	0.00	0.22	0.16	0.61
89	景江东方	0.00	0.18	0.09	0.58
90	新世界百货	0.00	0.14	0.05	0.55
91	天健芙蓉盛世	0.00	0.15	−0.04	0.61
92	运达广场	0.00	−0.39	−0.47	0.36
93	中天广场	0.00	0.04	−0.07	0.53
94	五一新干线大厦	0.00	0.19	0.11	0.59
95	天虹百货	0.00	0.25	0.13	0.65
96	上河国际商城	0.00	0.23	0.06	0.59
97	锦绣中环大厦(原湘绣大楼)	0.00	0.00	0.15	0.60
98	湖南省平和堂商贸大厦	−3.24	0.18	0.09	0.58
99	新大新	0.00	0.22	0.14	0.60
100	春天百货	0.00	0.18	0.10	0.59
101	万代购物广场	0.00	0.21	0.13	0.58
102	铜锣湾商业广场	0.00	0.05	−0.08	0.00
103	君悦星城	0.00	−0.05	−0.15	0.49
104	兴威名座大厦	0.00	0.07	−0.03	0.54
105	中隆国际	0.00	0.12	0.04	0.56
106	奥克斯广场	0.00	0.00	0.00	0.60
107	开福万达	0.00	0.00	0.00	0.63
108	泊富国际广场	0.00	0.00	0.00	0.60
109	德思勤城市广场	0.00	0.00	0.00	0.97
110	喜盈门范城	0.00	0.00	0.00	0.96
111	悦方 ID mall	0.00	0.00	0.00	0.63
112	湘腾商业广场(河西王府井)	0.00	0.00	0.00	0.73
113	长沙市出版物交易中心(现喜乐地购物中心)	0.00	0.00	0.93	0.66
114	赛格数码广场(原晓园百货大楼)	−3.26	0.89	0.90	0.89

附录8 住宅套数对应的各商业网点相对偏差

网点序号	网点名称	2000 年	2005 年	2010 年	2015 年
1	清水塘文化艺术市场	0.00	0.00	0.07	−0.16
2	鸿铭商业街	0.00	0.00	0.15	−0.08
3	长沙第五大道商业街	0.00	0.00	0.04	−0.15
4	湘春路商业街	0.00	0.00	0.19	−0.02
5	化龙池清吧一条街	0.00	0.00	0.27	0.06
6	白沙路茶文化街	0.00	0.00	0.17	−0.05
7	橙子498街区	0.00	0.00	−0.05	−0.32
8	太平街历史文化街	0.00	0.00	0.28	0.04
9	药王商业街	0.00	0.00	0.17	−0.10
10	晏家塘小商品一条街	0.00	0.00	0.12	−0.08
11	麓山南路文化创意街	0.00	0.00	0.34	0.16
12	阜埠河路时尚艺术街	0.00	0.00	0.37	0.18
13	金满地地下商业街	0.00	0.07	0.14	−0.14
14	大都市商业街	0.00	−0.15	0.00	−0.21
15	蔡锷路通信器材一条街	0.00	0.03	0.15	−0.13
16	湘女服饰文化街	0.00	−0.02	0.12	−0.13
17	朝阳路IT产品一条街	0.00	−0.02	0.10	−0.10
18	黄兴南路步行商业街	0.00	0.09	0.21	−0.05
19	坡子街民俗美食街	0.00	0.15	0.26	0.03
20	解放西路酒吧一条街	0.00	−0.05	0.09	−0.18
21	友谊阿波罗(现友谊商店)	−2.71	0.12	−0.42	0.28
22	国货陈列馆(原中山商业大厦)	−2.61	0.00	−0.32	0.37
23	维多利百货	0.00	0.21	0.00	0.00
24	通程金色家族	−3.38	0.01	−0.59	0.28
25	家润多百货(现友阿百货)	−2.84	0.05	−0.53	0.28
26	西城百货大楼 (现指南针商业广场)	−2.50	0.21	−0.36	0.39
27	新一佳(井湾子店)	0.00	0.00	0.04	−0.19
28	新一佳超市(书院南路)	0.00	0.00	−0.34	−0.44
29	步步高(林大店)	0.00	0.00	−0.19	−0.45
30	步步高(星沙店)	0.00	0.00	0.33	0.24
31	步步高(红星店)	0.00	0.00	−0.03	−0.33
32	步步高(书院南路店)	0.00	0.00	−0.29	−0.41
33	恒生超市(桐梓坡路)	0.00	0.00	−1.44	−0.46
34	精彩生活超市	0.00	0.00	−0.41	−0.42

网点序号	网点名称	2000 年	2005 年	2010 年	2015 年
35	沃尔玛(万家丽店)	0.00	0.00	−0.32	−0.41
36	家乐福超市(韶山南路店)	0.00	0.00	−0.28	−0.59
37	大润发(长沙店)	0.00	0.00	−0.42	−0.47
38	大润发(天心店)	0.00	0.00	−0.15	−0.39
39	通程万惠城南路店	0.00	0.00	−0.13	−0.25
40	通程万惠迎宾路店	0.00	0.00	−0.81	−0.84
41	世纪联华超市	0.00	0.00	−0.05	−0.30
42	家润多超市(朝阳店)	−0.82	−0.24	−0.20	−0.30
43	家润多千禧店	0.00	−0.42	−0.35	−0.46
44	家润多(黄兴北路店)	0.00	−0.42	−0.55	−0.53
45	家润多(赤岗冲店)	0.00	−0.82	−0.82	−1.09
46	新一佳超市(侯家塘店)	0.00	−0.75	−0.78	−0.87
47	新一佳超市(通程店)	0.00	−0.17	−0.19	−0.12
48	新一佳(火车站店)	0.00	−1.07	−1.30	−1.48
49	新一佳(华夏店)	0.00	−0.31	−0.55	−0.31
50	步步高超市	0.00	−0.24	−0.18	−0.31
51	星电华银旺和购物广场	0.00	−0.16	−0.43	−0.10
52	华银旺和购物广场 (新中路店)	0.00	−0.17	−0.12	0.00
53	麦德龙超市	0.00	−0.14	−0.48	−0.45
54	好又多贩量购物中心	0.00	−0.66	−0.60	−0.59
55	沃尔玛雨花亭店	0.00	−0.45	−0.44	−0.63
56	沃尔玛万达店	0.00	−0.36	−0.35	−0.35
57	家乐福超市(芙蓉广场店)	0.00	−0.48	−0.47	−0.51
58	家乐福超市(贺龙店)	0.00	−0.16	−0.17	−0.25
59	家润多(星电店)	0.00	0.00	0.00	−0.08
60	家润多(湖大店)	0.00	0.00	0.00	−0.02
61	恒生超市西站店	0.00	0.00	0.00	−0.13
62	人人乐超市时代广场店	0.00	0.00	0.00	−0.04
63	华润万家奥克斯超市	0.00	0.00	0.00	−0.71
64	华润万家超市	0.00	0.00	0.00	−0.08
65	华润万家(V+城市店)	0.00	0.00	0.00	−0.15
66	家润多东风店	0.00	0.00	0.00	−1.05
67	步步高超市 (现步步高电器城)	0.00	0.00	−0.44	0.87
68	华润万家华晨世纪店	0.00	0.00	0.00	−0.40
69	麦德龙(岳麓商场店)	0.00	0.00	0.00	0.12
70	阿波罗商业广场	0.00	−0.01	−0.58	0.22
71	乐和城	0.00	0.11	−0.41	0.27
72	王府井百货大楼	0.00	0.15	−0.33	0.36
73	友谊商城	0.00	−0.04	−0.67	0.24
74	凯德广场	0.00	−0.16	−1.00	0.13
75	长沙悦荟广场	0.00	0.23	−0.16	0.46

续表

网点序号	网点名称	2000 年	2005 年	2010 年	2015 年
76	通程商业广场	0.00	0.24	−0.33	0.40
77	世纪金源购物中心	0.00	0.00	0.00	0.47
78	华盛世纪购物中心	0.00	0.00	0.00	0.03
79	友阿奥特莱斯购物公园	0.00	0.00	0.00	0.82
80	罗马商业广场	0.00	0.00	0.00	0.95
81	步步高王府店	0.00	0.00	0.00	0.56
82	渔湾码头商业广场	0.00	0.00	0.00	1.00
83	步步高生活广场	0.00	0.00	0.00	0.32
84	华润万家(湘府店)	0.00	0.00	0.00	0.46
85	平和堂东塘店	0.00	−0.07	−0.68	0.23
86	202 五一大道	0.00	0.20	−0.31	0.35
87	大成国际	0.00	0.15	−0.37	0.33
88	嘉顿新天地	0.00	0.20	−0.27	0.38
89	景江东方	0.00	0.15	−0.37	0.34
90	新世界百货	0.00	0.13	−0.42	0.29
91	天健芙蓉盛世	0.00	0.12	−0.73	0.30
92	运达广场	0.00	−0.19	−0.96	0.12
93	中天广场	0.00	0.02	−0.58	0.24
94	五一新干线大厦	0.00	0.17	−0.33	0.36
95	天虹百货	0.00	0.15	−0.56	0.37
96	上河国际商城	0.00	0.16	−0.51	0.29
97	锦绣中环大厦(原湘绣大楼)	0.00	0.00	−0.31	0.36
98	湖南省平和堂商贸大厦	−2.79	0.16	−0.37	0.33
99	新大新	0.00	0.21	−0.28	0.36
100	春天百货	0.00	0.15	−0.38	0.34
101	万代购物广场	0.00	0.20	−0.31	0.34
102	铜锣湾商业广场	0.00	0.15	−0.45	0.00
103	君悦星城	0.00	−0.12	−0.74	0.20
104	兴威名座大厦	0.00	0.02	−0.56	0.27
105	中隆国际	0.00	0.10	−0.45	0.29
106	奥克斯广场	0.00	0.00	0.00	0.13
107	开福万达	0.00	0.00	0.00	0.41
108	泊富国际广场	0.00	0.00	0.00	0.35
109	德思勤城市广场	0.00	0.00	0.00	0.95
110	喜盈门范城	0.00	0.00	0.00	0.92
111	悦方 ID mall	0.00	0.00	0.00	0.43
112	湘腾商业广场(河西王府井)	0.00	0.00	0.00	0.48
113	长沙市出版物交易中心 (现喜乐地购物中心)	0.00	0.00	0.88	0.31
114	赛格数码广场(原晓园百货大楼)	−2.82	0.89	0.85	0.82

参考文献

［1］ 管驰明，崔功豪. 中国城市新商业空间及其形成机制初探. 城市规划学刊. 2003，（6）：33-36.

［2］ Cervero R，Duncan M. Transit′s value-added effects：Light and commuter rail services and commercial land values. Transportation Research Record Journal of the Transportation Research Board. 2002，1805（1）：8-15.

［3］ Castillo-Manzano JI，López-Valpuesta L. Urban retail fabric and the metro：A complex relationship. Lessons from middle-sized spanish cities. Cities. 2009，26（3）：141-147.

［4］ S Porta，V Latora，F Wang，et al. Street Centrality and the Location of Economic Activities in Barcelona. Urban Studies，2012，49（7）：1471-1488.

［5］ I Omer，G Ran. Spatial patterns of retail activity and street network structure in new and traditional Israeli cities. Urban Geography，2016，37（4）：629-649.

［6］ Bento AM，Cropper M，Mobarak AM，at al.：The impact of urban spatial structure on travel demand in the united states；in：Review of Economics and Statistics，2003，466–478.

［7］ Lee S，Yi C，Hong SP. Urban structural hierarchy and the relationship between the ridership of the seoul metropolitan subway and the land-use pattern of the station areas. Cities. 2013，35（4）：69-77.

［8］ Ratner KA，Goetz AR. The reshaping of land use and urban form in denver through transit-oriented development. Cities. 2010，30（1）：31-46.

［9］ Calvo F，Oña JD，Arán F. Impact of the madrid subway on population settlement and land use. Land Use Policy. 2013，31（2）：627-639.

［10］ Du H，Mulley C. The short-term land value impacts of urban rail transit：Quantitative evidence from sunderland，uk. Land Use Policy. 2007，24（1）：223-233.

［11］ Duncan M. The impact of transit-oriented development on housing prices in san diego，ca. Urban Studies. 2011，48（48）：101-127.

［12］ Garcia-López MÀ. Urban spatial structure，suburbanization and transportation in barcelona. Journal of Urban Economics. 2012，72（2-3）：176-190.

［13］ Reilly WJ. Methods for the study of retail relationships. Texas：University of Texas，1929.

［14］ Schell E. Marketing geography：With special reference to retailing by ross L. Davies. Economic Geography. 1978（3）.

［15］ Potter RB. Correlates of the functional structure of urban retail areas：An approach employing multivariate ordination Professional Geographer. 1981，33（2）：208-215.

［16］ Lorch B，Hernandez T. The transformation of shopping mall space in canada：An analysis of selected leasing site plans between 1996 and 2006. 2008，28：21-41.

［17］ 孙贵珍，陈忠暖. 1920 年代以来国内外商业空间研究的回顾、比较和展望. 人文地理. 2008，（5）：78-83.

［18］ RW Wassmer. Fiscalisation of Land Use，Urban Growth Boundaries and Non-central Retail Sprawl in the Western United States. Urban Studies，2002，39（39）：1307-1327.

［19］ D Benniso，T Hernández. The art and science of retail location decisions. International Journal of Retail and Distribution Management，2000，28（8）：357-367.

[20] Hayashi N. Development of commercial activities and urban retail system in canada. Studies in Informatics and Sciences. 2003，17：227-252.

[21] Berry BJL，Garrison WL. A note on central place theory and the range of a good. Economic Geography. 1958，34（4）：304-311.

[22] Davies RL. Marketing geography：With special reference to retailing. London：Methuen，1976，132.

[23] Potter RB. The urban retailing system：Location，cognition，and behaviour. 1982.

[24] J Benjamin，GD Jud，DT Winkler. A Simultaneous model and empirical test of the demand and supply of retail space. Journal of Real Estate Research，1998，16（1）：1-14.

[25] J. Dennis Lord. Retail saturation：inevitable or irrelevant? Urban Geography，2000，21（4）：342-360.

[26] M O'Kelly. Retail market share and saturation. Journal of Retailing and Consumer Services，2001，8（1）：37-45.

[27] Kearney，Inc，2003 Global Retail Development Index.

[28] Kearney，Inc，2004 Global Retail Development Index.

[29] 赵守谅，陈婷婷. 在经济分析的基础上编制控制性详细规划——从美国区划得到的启示. 国际城市规划. 2006，21（1）：79-82.

[30] 方远平，闫小培，毕斗斗. 1980 年以来我国城市商业区位研究述评. 热带地理. 2007，27（5）：435-440.

[31] 王乾，徐昀，宋伟轩. 南京城市商业空间结构变迁研究. 现代城市研究. 2012，（6）：83-88.

[32] 于露. 基于空间句法视角的商业中心变迁研究——以重庆市沙坪坝中心区为例. 重庆建筑. 2016，15（7）.

[33] 宁越敏. 上海市区商业中心区位的探讨. 地理学报，1984（2）：163-172.

[34] 安成谋. 兰州市商业中心的区位格局及优势度分析. 地理研究，1990，9（1）：28-34.

[35] 赵斌正. 城市商业中心浅析——兼谈咸阳市商业中心区位问题. 城市问题，1990（5）：36-39.

[36] 林耿，许学强. 广州市商业业态空间形成机理. 地理学报，2004，59（5）：754-762.

[37] 张水清. 商业业态及其对城市商业空间结构的影响. 人文地理. 2002，17（5）：36-40.

[38] 何丹，谭会慧. 上海零售业态的变迁与城市商业空间结构. 商业研究. 2010，（5）：191-197.

[39] 马晓龙. 西安市大型零售商业空间结构与市场格局研究. 城市规划. 2007，31（2）：55-61.

[40] 叶强，谭怡恬，谭立力. 大型购物中心对城市商业空间结构的影响研究——以长沙市为例. 经济地理. 2011，31（3）：426-431.

[41] 焦耀，刘望保，石恩名. 基于多源 poi 数据下的广州市商业业态空间分布及其机理研究. 城市观察. 2015，40（6）：86-96.

[42] 王宝铭. 对城市人口分布与商业网点布局相关性的探讨. 人文地理. 1995，（1）：36-39.

[43] 朱枫，宋小冬. 基于 gis 的大型百货零售商业设施布局分析——以上海浦东新区为例. 武汉大学学报（工学版）. 2003，36（3）：46-52.

[44] 周尚意，李新，董蓬勃. 北京郊区化进程中人口分布与大中型商场布局的互动. 经济地理. 2003，23（3）：333-337.

[45] 薛领，杨开忠. 基于空间相互作用模型的商业布局——以北京市海淀区为例. 地理研究. 2005，24（2）：265-273.

[46] 鲁婵. 长沙市人口分布与商业空间结构相关性研究［湖南大学硕士学位论文］. 湖南大学建筑学院，2012，27-35.

[47] 王芳，高晓路. 北京市商业空间格局及其与人口耦合关系研究. 城市规划. 2015，39（11）：23-29.

[48] 仵宗卿，柴彦威，张志斌. 天津市民购物行为特征研究. 地理科学，2000，13（6）：534-539.

[49]　王德，张晋庆.上海市消费者出行特征与商业空间结构分析.城市规划.2001，25（10）：6-14.

[50]　柴彦威，翁桂兰，沈洁.基于居民购物消费行为的上海城市商业空间结构研究.地理研究.2008，27（4）：897-906.

[51]　杨恒，叶强.商业与居住空间互动发展研究初探——以长沙市为例分析.中外建筑.2009，（1）：85-87.

[52]　林耿.居住郊区化背景下消费空间的特征及其演化——以广州市为例.地理科学.2009，29（3）：353-359.

[53]　曹诗怡.城市居住与商业空间结构演变相关性研究［湖南大学硕士学位论文］.湖南大学建筑学院，2012.

[54]　余建辉，董冠鹏，张文忠，等.北京市居民居住—就业选择的协同性研究.地理学报.2014，69（2）：147-155.

[55]　陈晨，王法辉，修春亮.长春市商业网点空间分布与交通网络中心性关系研究.经济地理，2013，33（10）：40-47.

[56]　曹嵘，白光润.交通影响下的城市零售商业微区位探析.经济地理，2003，23（2）：247-250.

[57]　蔡国田，陈忠暖.轨道交通对广州零售商业空间布局的影响.现代城市研究.2004，19（4）：65-67.

[58]　宋培臣，林涛，孔维强.上海市轨道交通对零售商业空间的影响.城市轨道交通研究.2010，13（4）：25-28.

[59]　郝立君.轨道交通对上海商业空间发展的影响研究.商场现代化.2007，（18）：166-166.

[60]　夏海山，吴一强.基于空间句法的城市轨道交通对地下商业布局的影响研究——以北京市为例.见：规划创新：2010中国城市规划年会论文集.重庆：中国城市规划学会，2010 of Conference.

[61]　李粼粼，廖轶.轨道交通构建城市可持续发展商业空间.见：2012城市发展与规划大会论文集.北京：城市发展研究，2012 of Conference.

[62]　黄晓冰，陈忠暖.基于信息熵的地铁站点商圈零售业种结构的研究——以广州15个地铁站点商圈为例.经济地理.2014，34（3）.

[63]　郑思齐，霍燚.北京市写字楼市场空间一体化模型研究——基于urbansim的模型标定与情景模拟.城市发展研究.2012，19（2）：116-124.

[64]　朱红，叶强.新时空维度下城市商业空间结构的演变研究.大连理工大学学报（社会科学版），2011，32（1）：82-86.

[65]　张海宁.轨道交通综合体对城市商业空间结构演变的影响研究.中外建筑.2011，（11）：68-70.

[66]　陈忠暖，冯越，江锦.地铁站点周边的商业集聚及其影响因素.华南师范大学学报（自然科学版），2013（6）：189-196.

[67]　董进才，宝贡敏.零售市场饱和度评价的基本标准.中国市场学会.中国市场学会2006年年会暨第四次全国会员代表大会论文集.中国市场学会，2006：7.

[68]　魏利，谭瑞林.层次分析法在零售市场饱和度评价中的应用.数学的实践与认识.2007，37（06）：40-43.

[69]　李耀莹，韩艳辉.北京零售业态饱和度研究.企业导报，2012，（24）：149-150.

[70]　胡俊.中国城市：模式与演进.北京：中国建筑工业出版社，1995.10，68.

[71]　唐子来.西方城市空间结构研究的理论和方法.城市规划汇刊.1997，（06）：1-11.

[72]　Bourne LS. Internal structure of thecity：Readings on space and environment.：Oxford University Press，1971.

[73]　武进，马清亮.城市边缘区空间结构演化的机制分析.城市规划.（02）：38-42＋64.

[74]　陈果，顾朝林.网络时代的城市空间特征及演变.城市规划学刊.2000，（1）：33-34.

[75]　黄亚平.城市空间理论与空间分析.南京：东南大学出版社，2002，86，161.

[76]　仵宗卿，戴学珍，戴兴华. 城市商业活动空间结构研究的回顾与展望. 经济地理. 2003，23（3）：327-332.

[77]　中华人民共和国商务部. 零售业态分类（GB/T18106—2004）.

[78]　（日）铃木安昭. 零售形态的多样化. 消费与流通，1980：61-66.

[79]　（日）向山雅夫. 零售商业形态发展的分析框架. 武藏大学论集，1986：19-127.

[80]　（日）兼村荣哲. 关于零售商业的产生、发展理论假说的再思考. 早稻田大学商学研究科纪要，1993：141-145.

[81]　陈信康. 中国商业现代化新论. 上海财经大学出版社，2003，46.

[82]　孙璐. 中国零售业态结构优化研究. 哈尔滨商业大学，18-20.

[83]　刘胤汉，刘彦随. 西安零售商业网点结构与布局探讨. 经济地理，1995（2）：64-69.

[84]　陈泳. 苏州商业中心区演化研究. 城市规划，2003，27（1）：83-89.

[85]　赵亚明. 城市商业中心地的形成与发展研究. 边疆经济与文化，2005（6）：34-37.

[86]　Meier RL. A communication theory of urban growth. 1962，26.

[87]　Gray F. Non-explanation in urban geography. Area. 1975，7（4）：228-235.

[88]　Checkoway B. Large builders, federal housing programs, and postwar suburbanization. International Journal of Urban and Regional Research. 1980，4（1）：21-45.

[89]　Fortuna MA，Gómez-Rodríguez C，Bascompte J. Spatial network structure and amphibian persistence in stochastic environments. Proceedings of the Royal Society B Biological Sciences. 2006，273（1592）：1429-1434.

[90]　Boyce RR，Clark WAV. The concept of shape in geography. Geographical Review. 1964，54（4）：561-572.

[91]　Lee DR，Sallee GT. A method of measuring shape. 1970，60（4）：555-563.

[92]　Lynch K. Good city form. Design. 1981.

[93]　Batty M，Xie Y. From cells to cities. Environmentand Planning B Planning and Design. 1994，21（7）：31-48.

[94]　A S. Metropolis：from the division of labor to urban form. Berkeley，CA：CA：University of California Press，1998.

[95]　张京祥，崔功豪. 城市空间结构增长原理. 人文地理. 2000，（2）：15-18.

[96]　夏春玉. 当代流通理论——基于日本流通问题的研究. 大连：东北财经大学出版社，2005.

[97]　沈建，刘向东. 零售业态均衡与创新的要素分析——基于零售业态价格梯度模型的研究. 商业经济与管理，2011（4）：5-12.

[98]　M. Levy，D. Grewal，R. Peterson，B. Connolly. The Concept of the "Big Middle". Journal of Retailing，2005（2）：83-88.

[99]　Washington，S. P.，Karlaftis，M. G.，Mannering，F. L. Statistical and econometric methods for transportation data analysis. Maritime Economicsand Logistics，2004，6（2），187-189.

[100]　Wiki：Regression analysis. Source：https：//en. wikipedia. org/wiki/ Regression _ analysis ♯ Underlying _ assumptions.

[101]　Cohen，H.，Lefebvre，C. Handbook of categorization in cognitive science. British Journal of General Practice，the Journal of the Royal College of General Practitioners，2005，40（333）：150-153.

[102]　Kriegel，H. P.，Kröger，P.，Zimek，A. Subspace clustering. Wiley Interdisciplinary Reviews Data Miningand Knowledge Discovery，2012，2（4）：351-364.

[103]　D. L. Huff. A probability analysis of shopping center trade area. Land Economics，1963，39（1）：

81-90.

[104] 黄树森，宋瑞，陶媛. 大城市居民出行方式选择行为及影响因素研究——以北京市为例. 交通运输研究，2008，(9)：124-128.

[105] 吴忠才. 基于哈夫修正模型再修正的城市商圈区位模型. 吉首大学学报（自科版），2009，30（2）：108-111.

[106] GiuseppeBorruso. Network Density Estimation：A GIS Approach for Analysing Point Patterns in a Network Space. Transactions in GIS，2008，12（3）：377-402.